普通高等学校计算机类工程教育系列教材

U0190092

计算机组成
虚拟仿真与题解

蔡政英　覃　颖　陈慈发　胡少甫◎编著

中国科学技术大学出版社

内 容 简 介

本书共 10 章,全面透彻地讲解了经典计算机,并行计算机以及生物、光、量子等新型非经典计算机组成的虚拟仿真设计方法,共设计了 43 个仿真实验、60 余道精选习题,各章节还对精选习题进行了详细解答,能够帮助读者熟练运用数学、自然科学和工程科学的基本原理,解决计算机组成领域的复杂工程问题。

本书提供配套学习资源,便于读者学习、研究、参考。

本书层次清晰、图文并茂、实例丰富、讲述详细,可作为高等院校计算机、自动化和电子工程等相关专业的本科生、研究生教材以及工程教育专业认证用书,也可供计算机研究人员和工程技术人员参考。

图书在版编目(CIP)数据

计算机组成虚拟仿真与题解/蔡政英,覃颖,陈慈发等编著. —合肥:中国科学技术大学出版社,2020.1

ISBN 978-7-312-04813-5

Ⅰ.计…　Ⅱ.①蔡…　②覃…　③陈…　Ⅲ.计算机仿真—高等学校—题解　Ⅳ.TP391.9-44

中国版本图书馆 CIP 数据核字(2020)第 005520 号

出版	中国科学技术大学出版社
	安徽省合肥市金寨路 96 号,230026
	http://press.ustc.edu.cn
	https://zgkxjsdxcbs.tmall.com
印刷	安徽省瑞隆印务有限公司
发行	中国科学技术大学出版社
经销	全国新华书店
开本	787 mm×1092 mm　1/16
印张	14.5
字数	353 千
版次	2020 年 1 月第 1 版
印次	2020 年 1 月第 1 次印刷
定价	38.00 元

前　　言

　　本书面向高等院校计算机、自动化和电子工程等相关专业的本科生及研究生,可作为普通高等院校"计算机组成原理""计算机组织与结构""计算机系统结构"等相关课程的实验教材和课程设计教材,也可作为工程教育专业认证用书以及研究生入学考试、计算机技术与软件资格(水平)考试的备考书籍。

　　本书借鉴了国内外相关的经典教材和资料,汲取了它们各自的优点,并具有以下特点:

　　一是本书着重使用虚拟仿真技术培养读者对计算机组成的设计能力和实验分析能力。全书共设计了43个实验,并配有大量图表。每个仿真实验均可以在普通计算机上使用软件完成,不需要构建昂贵的硬件实验平台,所有实验电路和代码都经过反复测试并成功实现。各实验项目均给出了详细的实验原理和步骤,一步步指导读者根据实验方案构建实验系统、安全开展实验、科学采集数据,并提供实验结果以供对照,实验结束后还设置了思考题。本书按层次和模块化结构组织内容,任何一个仿真实验都可以单独实现而不需要预先学习或依赖其他实验。

　　二是知识点全面,内容丰富,图文并茂,通俗易懂。各章节结尾还对经典习题进行了解答,全书共设置60余道典型习题,均精选于相关研究生入学考试、计算机技术与软件资格(水平)考试等试题中的典型分析题和设计题。能够帮助读者熟练运用自然科学和工程科学的基本原理,解决计算机领域的复杂工程问题。不同院校可以根据不同的教学目标对书中内容进行灵活取舍,不同层次读者也可根据自己学习、考试、研究等的需要选择相关内容进行阅读。

　　三是本书包含大量的新知识点和题型,与新技术、实际应用的结合较为紧密,比如并行计算、生物计算、光计算、量子计算等的仿真技术,帮助读者跟踪计算机新技术的发展动态,持续学习新知识,提升专业能力。

　　全书共10章,全面系统地讨论了计算机组成虚拟仿真的相关设计知识。第

1 章主要介绍 Multisim 14 的基础知识和计算机基本元器件的仿真。第 2 章主要讨论计算机数制体系的仿真,包括半加器、全加器、进制计数器、奇偶校验电路等。第 3 章主要讨论指令系统的仿真,包括定长/变长指令编码电路、汇编指令编程和 Huffman 编码等。第 4 章主要讨论使用组合逻辑控制器和微程序控制器对中央处理器进行设计仿真。第 5 章主要讨论 RAM/ROM 存储器、存储阵列译码、CPU 读写 RAM、磁盘/页面调度算法的仿真。第 6 章主要讨论并口/串口、多级中断处理、图形/语音的仿真电路。第 7 章主要讨论多处理机通信技术、多 CPU 和流水线等的仿真设计。第 8~10 章主要讨论 MATLAB 2018 的基本知识以及生物计算机、光计算机、量子计算机等的仿真技术。

本书主要由蔡政英、覃颖、陈慈发、胡少甫编写。屈静、左紫怡、熊泽平、卢梦园、张余、刘势、韩章义、万鲲鹏、林宇驰、刘萍萍、王蕊、刘璇等参加了文字录入和仿真设计工作,在此表示感谢。

本书借鉴了大量资料,有兴趣的读者可以进一步查阅书后的参考文献。

本书提供配套学习资源,有兴趣的读者可扫描书后二维码下载使用。

由于作者水平有限,书中难免有不妥和错误之处,敬请读者批评指正。

编　者

2019 年 8 月

目　　录

第1章 绪 论

虚拟仿真(Virtual Simulation)技术也称系统模拟,可在一个系统上仿真或模仿另外一个更复杂的系统,通常包括硬件仿真和软件仿真。计算机组成虚拟仿真就是在计算机系统中创建一种可体验的计算机组成虚拟环境(Virtual Environment)。本书主要使用软件仿真方式在个人计算机上生成虚拟世界,再现真实世界中的计算机组成与结构,读者可借助 Multisim、汇编语言、C/C++、MATLAB 等软件,与虚拟世界中的计算机组成结构进行视觉、听觉等多通道的自然交互,以便更深入地了解和掌握计算机组成设计知识,解决计算机领域复杂工程问题。

1.1 Multisim 基础

1.1.1 主界面

Multisim 是美国国家仪器(National Instruments,NI)有限公司开发的基于 Windows 平台的电路仿真软件,具备电路原理图的图形化设计、电路硬件描述语言设计等方式,可用于各类模拟/数字电路的板级设计工作,具有丰富的仿真分析能力。本节将简单介绍 Multisim 14 用户界面的基本操作。

读者安装好 Multisim 14 软件后,单击"开始"→"程序"→"NI Launcher"→"NI Multisim 14.0",启动 Multisim 14,启动成功后,可看到如图 1.1 所示的用户界面。

Multisim 14 用户界面由以下几个基本部分组成。

(1) 主菜单(Menu Bar):提供了该软件的所有功能。

(2) 工具栏(Toolbar):提供了该软件一些常用的功能。

(3) 元器件库(Components Toolbar):提供了电路图中所需的各类元器件。

(4) 仪器仪表工具栏(Instruments Toolbar):提供了 Multisim 14 的所有虚拟仪器仪表功能。

(5) 设计窗口(Circuit Windows or Workspace):即电路工作区,该工作区是用来创建、编辑电路图以及进行仿真分析、显示波形的地方。

(6) 设计工具箱(Design Toolbox):用于显示和操作设计文件。

(7) 状态栏(Status Bar):用于显示当前的操作及鼠标指针所指项目的相关信息。

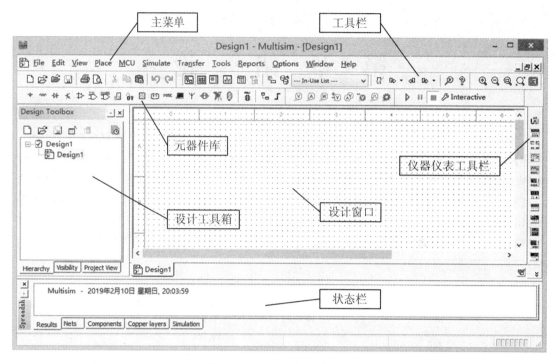

图 1.1　Multisim 14 用户界面

1.1.2　菜单介绍

Multisim 14 的菜单栏为用户提供操作该软件所需的全部功能,如图 1.2 所示。菜单栏从左到右依次为 File(文件)、Edit(编辑)、View(视图)、Place(放置)、MCU(单片机)、Simulate(仿真)、Transfer(转换)、Tools(工具)、Reports(报告)、Options(属性选项)、Window(窗口)、Help(帮助)。

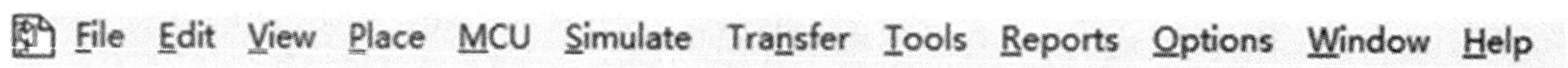

图 1.2　Multisim 14 的菜单栏

1. File(文件)菜单

该菜单用于对电路文件进行管理,具体功能如图 1.3 所示。

2. Edit(编辑)菜单

该菜单用于对电路窗口中的电路图或元器件进行编辑操作,具体功能如图 1.4 所示。

3. View(视图)菜单

该菜单用于显示或隐藏电路窗口中的某些内容(如电路图的放大/缩小、工具栏、栅格、页面边界等),具体功能如图 1.5 所示。

4. Place(放置)菜单

该菜单提供在电路工作窗口内放置元器件、连接点、总线和文字等命令,具体功能如图1.6 所示。

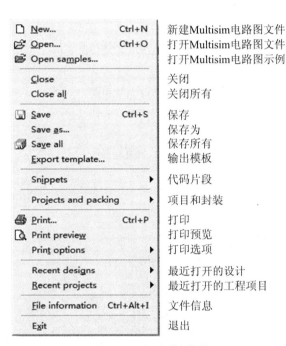

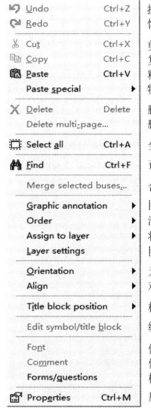

New...	Ctrl+N	新建Multisim电路图文件
Open...	Ctrl+O	打开Multisim电路图文件
Open samples...		打开Multisim电路图示例
Close		关闭
Close all		关闭所有
Save	Ctrl+S	保存
Save as...		保存为
Save all		保存所有
Export template...		输出模板
Snippets	▶	代码片段
Projects and packing	▶	项目和封装
Print...	Ctrl+P	打印
Print preview		打印预览
Print options	▶	打印选项
Recent designs	▶	最近打开的设计
Recent projects	▶	最近打开的工程项目
File information	Ctrl+Alt+I	文件信息
Exit		退出

图 1.3　File(文件)菜单

Undo	Ctrl+Z	撤销
Redo	Ctrl+Y	恢复
Cut	Ctrl+X	剪切
Copy	Ctrl+C	复制
Paste	Ctrl+V	粘贴
Paste special	▶	特殊粘贴
Delete	Delete	删除
Delete multi-page...		删除多页
Select all	Ctrl+A	全选
Find	Ctrl+F	查找
Merge selected buses...		合并选中的总线
Graphic annotation	▶	图形注释修改
Order	▶	注释排列顺序
Assign to layer	▶	将注释指定到某层
Layer settings		图层设置
Orientation	▶	元件转向
Align	▶	对齐
Title block position	▶	标题栏位置设置
Edit symbol/title block		编辑电路符号/标题栏
Font		修改字体
Comment		修改注释
Forms/questions		格式/问题
Properties	Ctrl+M	属性

图 1.4　Edit(编辑)菜单

Full screen	F11	全屏显示
Parent sheet		多页设计的顶页
Zoom in	Ctrl+Num +	放大
Zoom out	Ctrl+Num -	缩小
Zoom area	F10	局部放大
Zoom sheet	F7	适合页面的比例
Zoom to magnification...	Ctrl+F11	比例选择
Zoom selection	F12	选中电路放大
✓ Grid		栅格
✓ Border		显示图边框
Print page bounds		显示页边界
Ruler bars		显示标尺条
Status bar		显示状态条
✓ Design Toolbox		显示设计工具箱
✓ Spreadsheet View		分页查看
SPICE Netlist Viewer		SPICE网表查看器
LabVIEW Co-simulation Terminals		LabVIEW协同仿真终端
Circuit Parameters		电路参数
Description Box	Ctrl+D	说明框
Toolbars	▶	工具栏管理
Show comment/probe		显示注释/探针
Grapher		图形编辑器

图 1.5　View(视图)菜单

图 1.6　Place(放置)菜单

5. MCU(单片机)菜单

该菜单提供在电路工作窗口内放置 MCU 的调试操作命令,具体功能如图 1.7 所示。

图 1.7　MCU(单片机)菜单

6．Simulate(仿真)菜单

该菜单用于对电路仿真进行设置与操作,具体功能如图 1.8 所示。

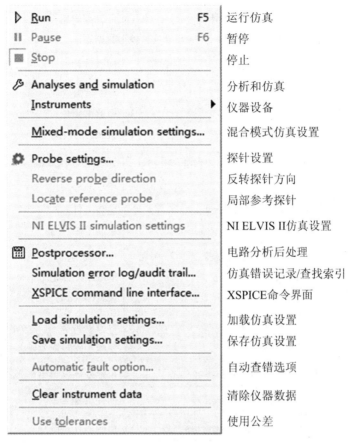

▷ Run	F5	运行仿真
‖ Pause	F6	暂停
■ Stop		停止
⚲ Analyses and simulation		分析和仿真
Instruments	▶	仪器设备
Mixed-mode simulation settings...		混合模式仿真设置
⚙ Probe settings...		探针设置
Reverse probe direction		反转探针方向
Locate reference probe		局部参考探针
NI ELVIS II simulation settings		NI ELVIS II仿真设置
▦ Postprocessor...		电路分析后处理
Simulation error log/audit trail...		仿真错误记录/查找索引
XSPICE command line interface...		XSPICE命令界面
Load simulation settings...		加载仿真设置
Save simulation settings...		保存仿真设置
Automatic fault option...		自动查错选项
Clear instrument data		清除仪器数据
Use tolerances		使用公差

图 1.8 Simulate(仿真)菜单

7．Transfer(转换)菜单

该菜单用于将 Multisim 14 的电路文件或仿真结果输出到其他应用软件,具体功能如图 1.9 所示。

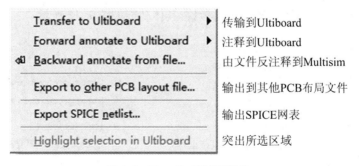

Transfer to Ultiboard	▶	传输到Ultiboard
Forward annotate to Ultiboard	▶	注释到Ultiboard
⬱ Backward annotate from file...		由文件反注释到Multisim
Export to other PCB layout file...		输出到其他PCB布局文件
Export SPICE netlist...		输出SPICE网表
Highlight selection in Ultiboard		突出所选区域

图 1.9 Transfer(转换)菜单

8. Tools(工具)菜单

该菜单用于编辑或管理元器件库或元器件,具体功能如图 1.10 所示。

图 1.10　Tools(工具)菜单

9. Reports(报告)菜单

该菜单用于产生当前电路的各种报告,具体功能如图 1.11 所示。

10. Options(属性选项)菜单

该菜单用于给出电路图的各种属性参数,具体功能如图 1.12 所示。

Bill of Materials	当前电路图的元器件清单
Component detail report	元器件详细报告
Netlist report	元器件连接信息的网表报告
Cross reference report	元器件详细参数报告
Schematic statistics	统计报告
Spare gates report	电路中剩余门电路报告

图 1.11　Reports(报告)菜单

Global preferences	全局参数显示
Sheet properties	表单属性
Lock toolbars	锁定工具条
Customize interface	自定义界面

图 1.12　Options(属性选项)菜单

11. Window(窗口)菜单

该菜单用于控制 Multisim 14 窗口的显示,具体功能如图 1.13 所示。

12. Help(帮助)菜单

该菜单为用户提供在线技术帮助和指导,具体功能如图 1.14 所示。

New window	新建窗口		
Close	关闭窗口		
Close all	关闭全部窗口	Multisim help　F1	Multisim帮助
Cascade	窗口层叠	NI ELVISmx help	NI ELVISmx帮助
Tile horizontally	平铺显示窗口	New Features and Improvements	新特征和改进
Tile vertically	垂直显示窗口	Getting Started	入门介绍
1 Design1	当前窗口	Patents	专利
Next window	下一个窗口	Find examples...	查找案例
Previous window	上一个窗口	About Multisim	关于Multisim
Windows...	窗口选择		

图 1.13　Window(窗口)菜单　　　　　　　　图 1.14　Help(帮助)菜单

1.1.3　工具栏介绍

Multisim 14 工具栏主要包括标准工具栏(Standard Toolbar)、主工具栏(Main Toolbar)、视图工具栏(View Toolbar)、元器件工具栏(Components Toolbar)、虚拟仪器仪表工具栏(Instruments Toolbar)等。有的工具栏采用了活动窗口技术,所以对于不同的使用场景其显示也会有所不同(右键单击该工具栏可以选择不同的工具栏,单击该工具栏不放可以随意拖动)。

1. 标准工具栏(Standard Toolbar)

功能如图 1.15 所示,其基本功能按钮与 File(文件)菜单中的电路文件管理功能类似。

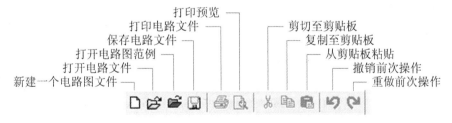

　　　　　　　打印预览
　　　　打印电路文件　　　　剪切至剪贴板
　　保存电路文件　　　　复制至剪贴板
　打开电路图范例　　　　从剪贴板粘贴
打开电路文件　　　　撤销前次操作
新建一个电路图文件　　　　重做前次操作

图 1.15　标准工具栏(Standard Toolbar)

2. 主工具栏(Main Toolbar)

功能如图 1.16 所示,它包含了仿真常用的几个主要功能按钮。

3. 视图工具栏(View Toolbar)

功能如图 1.17 所示,其基本功能按钮与 View(视图)菜单的视图管理功能类似。

图 1.16　主工具栏(Main Toolbar)

图 1.17　视图工具栏(View Toolbar)

4. 元器件工具栏(Components Toolbar)

元器件工具栏各个图标所表示的含义如图 1.18 所示,其基本功能按钮与 Place(放置)菜单的元器件管理功能类似。

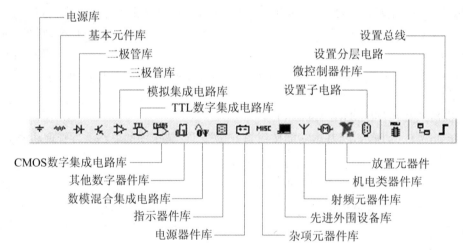

图 1.18　元器件工具栏(Components Toolbar)

5. 探针工具栏(Probe Toolbar)

探针工具栏中的各个图标所表示的含义如图 1.19 所示。

6. 运行工具栏(Run Toolbar)

运行工具栏中的各个图标所表示的含义如图 1.20 所示,其基本功能按钮与 Simulate(仿真)菜单的仿真控制功能类似。

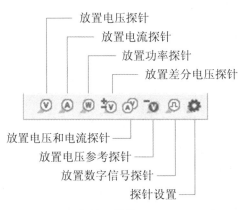

图 1.19　探针工具栏（Probe Toolbar）

图 1.20　运行工具栏（Run Toolbar）

7. 虚拟仪器仪表工具栏（Instruments Toolbar）

虚拟仪器仪表工具栏通常位于窗口的右侧,也可以将其拖至菜单栏的下方显示为水平工具栏。使用时,单击所需仪器仪表的工具栏按钮,将该仪器仪表添加到电路窗口中,即可在电路窗口中使用该仪器仪表。虚拟仪器仪表工具栏各个按钮的功能如图 1.21 所示。

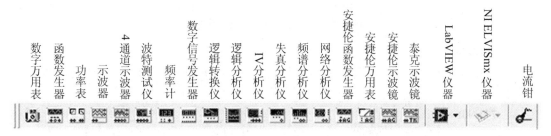

图 1.21　虚拟仪器仪表工具栏（Instruments Toolbar）

1.1.4　常用芯片介绍

Multisim 14 内置了大量元器件和芯片库,限于篇幅,在此仅简介本书各章节实验将会用到的 Multisim 14 内置芯片的使用方法,各芯片的引脚封装和功能定义均以 Multisim 14 中的模块为准。不同厂家和不同型号规格的产品在封装和引脚功能定义上都有可能不同,读者在实际设计时请根据使用情况进行相应调整。本书中芯片功能符号定义包括:L 表示低电平,H 表示高电平,×表示不确定状态,Z 表示高阻态。

1. 74LS00

74LS00 为使用正逻辑的四组 2 输入端与非门。其 Multisim 模型图以及真值表如图 1.22 所示。

2. 74LS02

74LS02 为使用正逻辑的四组 2 输入端或非门。其 Multisim 模型图以及真值表如图 1.23 所示。

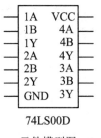

图 1.22　74LS00 模型图及真值表

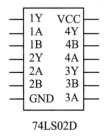

图 1.23　74LS02 模型图及真值表

3．74LS04

74LS04 为使用正逻辑的六组单输入端反相器。其 Multisim 模型图以及真值表如图 1.24 所示。

4．74LS08

74LS08 为使用正逻辑的两组 2 输入端与门。其 Multisim 模型图以及真值表如图 1.25 所示。

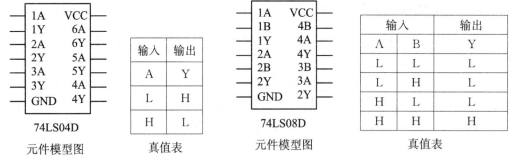

图 1.24　74LS04 模型图及真值表　　　图 1.25　74LS08 模型图及真值表

5．74LS20

74LS20 为使用正逻辑的两组 4 输入端与非门。其 Multisim 模型图以及真值表如图 1.26 所示。

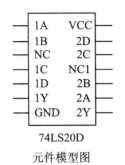

输入				输出
A	B	C	D	Y
L	×	×	×	H
×	L	×	×	H
×	×	L	×	H
×	×	×	L	H
H	H	H	H	L

元件模型图　　　　　　　真值表

图 1.26　74LS20 模型图及真值表

6. 74LS32

74LS32 为使用正逻辑的四组 2 输入端或门。其 Multisim 模型图以及真值表如图 1.27 所示。

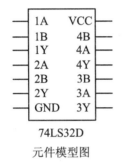

输入		输出
A	B	Y
L	L	L
L	H	H
H	L	H
H	H	H

元件模型图　　　　　　　真值表

图 1.27　74LS32 模型图及真值表

7. 74LS74

74LS74 含两组 D 触发器,可用于通用寄存器、移位寄存器、振荡器、单稳态触发器、分频计数器等。其 Multisim 模型图以及真值表如图 1.28 所示。

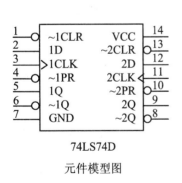

输入				输出	
~PR	~CLR	CLK	D	Q	~Q
L	H	×	×	H	L
H	L	×	×	L	H
L	L	×	×	×	×
H	H	↑	H	H	L
H	H	↑	L	L	H
H	H	L	×	Q0	~Q0

元件模型图　　　　　　　真值表

图 1.28　74LS74 模型图及真值表

8. 74LS86

74LS86 为四组 2 输入端异或门。其 Multisim 模型图以及真值表如图 1.29 所示。

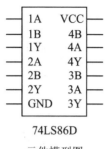

图 1.29 74LS86 模型图及真值表

9. 74LS126

74LS126 为使用正逻辑的四组总线缓冲器,具有三态功能(OE 低位禁止)。其 Multisim 模型图以及真值表如图 1.30 所示。

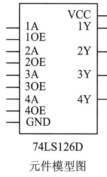

图 1.30 74LS126 模型图及真值表

10. 74LS138

74LS138 为 3 线-8 线译码器,能够对 3 线(4-2-1)二进制(相当于八进制)进行 8 条数据线译码,通常用于地址扩展和片选译码。其 Multisim 模型图以及真值表如图 1.31 所示。

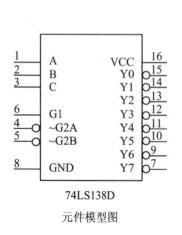

74LS138D

元件模型图

输入						输出							
G1	~G2A	~G2B	C	B	A	Y7	Y6	Y5	Y4	Y3	Y2	Y1	Y0
L	×	×	×	×	×	H	H	H	H	H	H	H	H
×	H	×	×	×	×	H	H	H	H	H	H	H	H
×	×	H	×	×	×	H	H	H	H	H	H	H	H
H	L	L	L	L	L	H	H	H	H	H	H	H	L
H	L	L	L	L	H	H	H	H	H	H	H	L	H
H	L	L	L	H	L	H	H	H	H	H	L	H	H
H	L	L	L	H	H	H	H	H	H	L	H	H	H
H	L	L	H	L	L	H	H	H	L	H	H	H	H
H	L	L	H	L	H	H	H	L	H	H	H	H	H
H	L	L	H	H	L	H	L	H	H	H	H	H	H
H	L	L	H	H	H	L	H	H	H	H	H	H	H

真值表

图 1.31 74LS138 模型图及真值表

11. 74LS148

74LS148 为 8 线-3 线优先编码器,能够对 8 条数据线进行 3 线(4-2-1)二进制(相当于八进制)优先编码,利用输入选通端 EI 和输出选通端 EO 可进行扩展。其 Multisim 模型图以及真值表如图 1.32 所示。

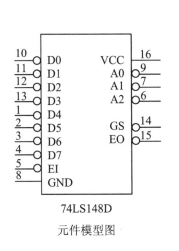

74LS148D

元件模型图

输入									输出				
EI	D7	D6	D5	D4	D3	D2	D1	D0	A2	A1	A0	GS	EO
H	×	×	×	×	×	×	×	×	H	H	H	H	H
L	H	H	H	H	H	H	H	H	H	H	H	H	L
L	×	×	×	×	×	×	×	L	L	L	L	L	H
L	×	×	×	×	×	×	L	H	L	L	H	L	H
L	×	×	×	×	×	L	H	H	L	H	L	L	H
L	×	×	×	×	L	H	H	H	L	H	H	L	H
L	×	×	×	L	H	H	H	H	H	L	L	L	H
L	×	×	L	H	H	H	H	H	H	L	H	L	H
L	×	L	H	H	H	H	H	H	H	H	L	L	H
L	L	H	H	H	H	H	H	H	H	H	H	L	H

真值表

图 1.32　74LS148 模型图及真值表

12. 74LS151

74LS151 为互补输出的八选一数据选择器,具有使能功能(～G 低位禁止)。其 Multisim 模型图以及真值表如图 1.33 所示。

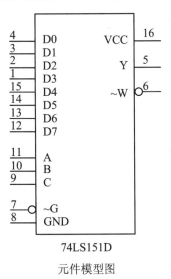

74LS151D

元件模型图

输入				输出	
C	B	A	～G	Y	～W
×	×	×	H	L	H
L	L	L	L	D0	～D0
L	L	H	L	D1	～D1
L	H	L	L	D2	～D2
L	H	H	L	D3	～D3
H	L	L	L	D4	～D4
H	L	H	L	D5	～D5
H	H	L	L	D6	～D6
H	H	H	L	D7	～D7

真值表

图 1.33　74LS151 模型图及真值表

13. 74LS161

74LS161 为 4 位二进制同步加法计数器,还具有异步清零、同步并行置数、保持等功能。其 Multisim 模型图以及真值表如图 1.34 所示。

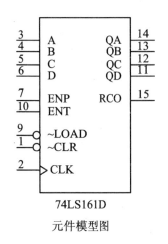

74LS161D

元件模型图

	输入								输出			
CLK	~CLR	~LOAD	ENP	ENT	D	C	B	A	QD	QC	QB	QA
×	L	×	×	×	×	×	×	×	L	L	L	L
↑	H	L	×	×	D	C	B	A	D	C	B	A
×	H	H	L	×	×	×	×	×	保持			
×	H	H	×	L	×	×	×	×	保持(C=0)			
↑	H	H	H	H	×	×	×	×	计数			

真值表

图 1.34　74LS161 模型图及真值表

14. 74LS175

74LS175 为 4 位 D 触发器,能够用于通用寄存器等。其 Multisim 模型图以及真值表如图 1.35 所示。

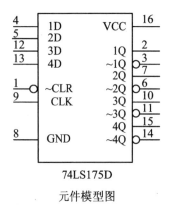

74LS175D

元件模型图

	输入					输出			
~CLR	CLK	4D	3D	2D	1D	4Q	3Q	2Q	1Q
L	×	×	×	×	×	L	L	L	L
H	↑	4D	3D	2D	1D	4D	3D	2D	1D
H	H	×	×	×	×	保持			
H	L	×	×	×	×	保持			

真值表

图 1.35　74LS175 模型图及真值表

15. 74LS181

74LS181 为一个算术逻辑运算电路,能够对两个 4 位操作数进行算术或逻辑运算。其 Multisim 模型图以及真值表如图 1.36 所示。

16. 74LS194

74LS194 为 4 位双向移位寄存器。其 Multisim 模型图以及真值表如图 1.37 所示。

S3	S2	S1	S0	逻辑运算 (M=H)	算术运算 (M=L) CN=H	算术运算 (M=L) CN=L
L	L	L	L	F=$\overline{A}$	F=A	F=A+1
L	L	L	H	F=$\overline{A}$ or $\overline{B}$	F=A or B	F=(A or B)+1
L	L	H	L	F=$\overline{A}$B	F=A+$\overline{B}$	F=(A+$\overline{B}$)+1
L	L	H	H	F=0	F=−1	F=0
L	H	L	L	F=$\overline{AB}$	F=A+A$\overline{B}$	F=A+A$\overline{B}$+1
L	H	L	H	F=$\overline{B}$	F=(A or B)+A$\overline{B}$	F=(A or B)+A$\overline{B}$+1
L	H	H	L	F=A xor B	F=A−B−1	F=A−B
L	H	H	H	F=A$\overline{B}$	F=AB−1	F=AB
H	L	L	L	F=$\overline{A}$or B	F=A+AB	F=A+AB+1
H	L	L	H	F=$\overline{A}$ or $\overline{B}$	F=A+B	F=A+B+1
H	L	H	L	F=B	F=($\overline{A}$ xor $\overline{B}$)+AB	F=(A or $\overline{B}$)+AB+1
H	L	H	H	F=AB	F=AB−1	F=AB
H	H	L	L	F=1	F=A+A	F=A+A+1
H	H	L	H	F=A or $\overline{B}$	F=(A or B)+A	F=(A or B)+A+1
H	H	H	L	F=A or B	F=(A or $\overline{B}$)+A	F=(A or $\overline{B}$)+A+1
H	H	H	H	F=A	F=A−1	F=A

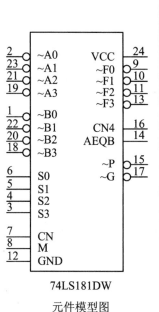

元件模型图 74LS181DW

真值表

图 1.36　74LS181 模型图及真值表

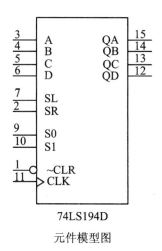

元件模型图 74LS194D

~CLR	S1	S0	CLK	SL	SR	A	B	C	D	QA	QB	QC	QD
L	×	×	×	×	×	×	×	×	×	L	L	L	L
H	×	×	L	×	×	×	×	×	×	QA0	QB0	QC0	QD0
H	H	H	↑	×	×	A	B	C	D	A	B	C	D
H	L	H	↑	×	H	×	×	×	×	H	QAn	QBn	QCn
H	L	H	↑	×	L	×	×	×	×	L	QAn	QBn	QCn
H	H	L	↑	H	×	×	×	×	×	QBn	QCn	QDn	H
H	H	L	↑	L	×	×	×	×	×	QBn	QCn	QDn	L
H	L	L	×	×	×	×	×	×	×	QA0	QB0	QC0	QD0

真值表

图 1.37　74LS194 模型图及真值表

17. 74LS244

74LS244 为三态控制的 4 位缓冲器，没有锁存功能，可以用作地址驱动器、时钟驱动器、定向发送器、总线驱动器等。其 Multisim 模型图以及真值表如图 1.38 所示。

18. 74LS245

74LS245 为 8 路同相三态双向总线收发器，能够双向传送数据，常用于驱动 LED 和其他设备。其 Multisim 模型图以及真值表如图 1.39 所示。

图 1.38　74LS244 模型图及真值表

输入		输出
~G	A	Y
L	L	L
L	H	H
H	×	Z

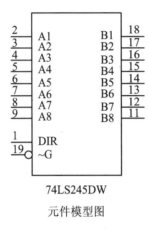

图 1.39　74LS245 模型图及真值表

输入		输出
~G	DIR	A/B
L	L	数据从 B→A
L	H	数据从 A→B
H	×	Z

19. 74LS273

74LS273 为带清除功能的 8 位触发器,正脉冲触发,低电平清除,D 为数据输入端,Q 为数据输出端,常用于 8 位地址锁存器。其 Multisim 模型图以及真值表如图 1.40 所示。

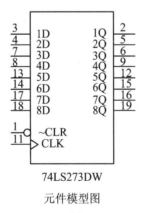

图 1.40　74LS273 模型图及真值表

输入			输出
~CLR	CLK	D	Q
L	×	×	L
H	↑	H	H
H	↑	L	L

20. 74LS373

74LS373 为三态输出的 8 路数据锁存器,输出端 Q 可直接与总线相连。其 Multisim 模型图以及真值表如图 1.41 所示。若锁存允许端 ENG 为高电平,则 Q 随数据 D 变化;若锁存允许端 ENG 为低电平,则 D 被锁存。～OC 为三态允许控制端。

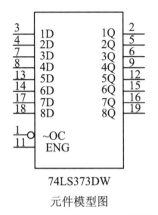

图 1.41　74LS373 模型图及真值表

21. HM6116

HM6116 为美国 Harri 公司生产的 2K×8 位的高速静态 CMOS 随机存取存储器。其 Multisim 模型图以及真值表如图 1.42 所示。

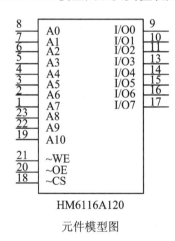

输入			模式	输出		
～CS	～OE	～WE		电流	I/O	参考周期
H	×	×	未选中	ISB	Z	—
L	L	H	读	ICC	输出数据	读周期
L	H	L	写	ICC	输入数据	写周期
L	L	L	写	ICC	输入数据	写周期

真值表

图 1.42　HM6116 模型图及真值表

22. HM4-65642

HM4-65642 为美国 Harri 公司生产的 8K×8 位的高速静态 CMOS 随机存储器。其 Multisim 模型图及引脚功能定义如图 1.43 所示。

23. 8051

MCS-51 单片机为美国英特尔公司设计制造的一系列单片机的总称,包括多个品种, 如 8031/8032、8051/8052、8751/8752 等。其中,8051 是英特尔公司于 1981 年制造的一种 8 位的单芯片微控制器,该系列的其他品种均是在其基础上进行适当增/减功能或改变而来 的。8051 内建时钟发生器,使用时不需要额外的时钟信号,仅需外接石英晶体振荡器或其 他振荡器及相应电容,便可生成正确时钟。8051 是同步式顺序逻辑系统,仅依赖于内部时 钟就足以产生各种同步信号和操作周期。由于 MCS-51 的核心技术被英特尔公司授权给了其他公司,如 Atmel、Philips 等公司,故它们都能设计制作以 8051 为核心的各类单片机。其 Multisim 模型图及引脚功能定义如图 1.44 所示。

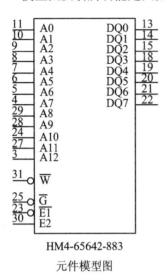

PIN	定义
A0～A12	地址输入
DQ0～DQ7	数据 I/O
～W	写使能
～G	输出使能
～E1	芯片使能
E2	芯片使能

HM4-65642-883
元件模型图　　　　　　　　引脚功能定义

图 1.43　HM4-65642 模型图及引脚功能定义

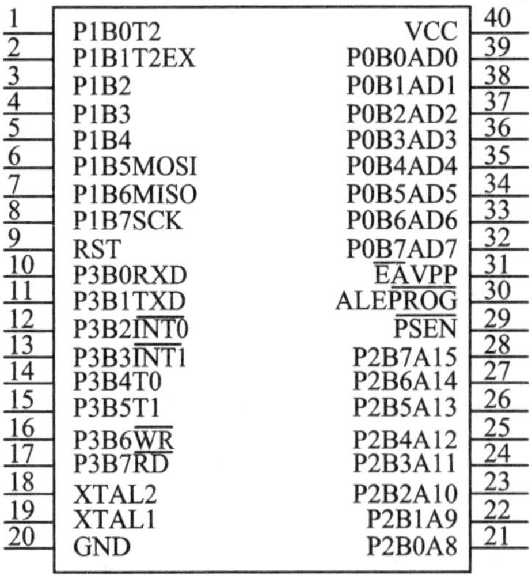

PIN	定义
P0	双向 I/O 口,外部存储器地址
P1	双向 I/O 口,片内 ROM 低 8 位地址
P1.0	T2 定时器/计数器外部输入
P1.1	T2 定时器捕获模式触发输入
P2	双向 I/O 口,片内 ROM 高 8 位地址
P3	双向 I/O 口,片内 ROM 低 8 位地址
P3.0	RXD 串口输入
P3.1	TXD 串口输出
P3.2	外部中断 0 输入～INT0
P3.3	外部中断 1 输入～INT1
P3.4	T0 定时器/计数器外部输入
P3.5	T1 定时器/计数器外部输入
P3.6	外部存储器写选通控制～WR
P3.7	外部存储器读选通控制～RD
RST	复位信号输入
XTAL	晶体振荡器引脚
ALE	地址锁存允许及编程脉冲～PROG
～PSEN	外部程序存储器选通

8051
元件模型图　　　　　　　　引脚功能定义

图 1.44　8051 模型图及引脚功能定义

1.2　仿　真　实　验

1.2.1　二极管的伏安特性

1. 实验目的

(1) 了解和掌握二极管的伏安特性,熟悉二极管的运用。

(2) 熟悉 Multisim 14 的操作环境,能够使用仿真软件对二极管的伏安特性进行测量。

(3) 加深对半导体二极管相关理论、概念的理解。

2. 实验原理

半导体二极管(Diode)是诞生最早的半导体器件之一,是现代电子电路的基本元件,也是构成三极管和其他模拟/数字集成电路的基本结构,是现代集成电路和计算机中必不可少的基本模块。二极管按照其制造材料不同,可分为硅二极管(Si 管)和锗二极管(Ge 管);按照其使用方式不同,可分为稳压二极管、整流二极管、检波二极管、开关二极管等。

二极管的核心结构是具有单向导电特性的 PN 结。当二极管正向偏置时,其正极和负极分别接外电源正极和负极,二极管能够导通,且正、负极间有一个正向压降(如硅管为 0.6～0.8 V)。当二极管反向偏置时,其正极和负极接反向电压,此时具有反向阻止现象和反向击穿现象。当反向电压较小时,二极管表现为不导电。随着反向电压的逐步增加(如锗管在 $-1\sim0$ V 范围内),反向电流也逐步增大;当外加反向电压增加到一定值时(如锗管大约超过 -1 V),反向电流不再继续增大;如外加反向电压继续增大,到一定数值时二极管将会被击穿,反向电流迅速增大。

发光二极管(Light Emitting Diode,LED)是半导体二极管的重要种类,与普通半导体二极管一样具有单向导电性,正向导通时能够将电能转化成光能。发光二极管的结构也包括一个 PN 结,如给其加上正向偏置电压(正向偏压),在 PN 结附近由 P 区注入 N 区的空穴及由 N 区注入 P 区的电子,会分别与 N 区的电子和 P 区的空穴进行复合,从而自发辐射出荧光。根据材料不同,LED 又分为有机发光二极管(Organic Light-Emitting Diode,OLED)和无机发光二极管 LED。法国物化学家安德烈·贝纳诺斯(André Bernanose)于 1950 年最早发明了 OLED,被誉为"OLED 之父"。1987 年,柯达公司的邓青云(Ching W. Tang)和美国人史蒂夫·范·斯莱克(Steve Van Slyke)发明了最早的实用型 OLED。不同半导体材料中的空穴及电子具有不同能量状态,电子和空穴复合时所释放的能量也就有所不同,释放能量多的发出的光波长短。砷化镓 GaAs 二极管发红光,磷化镓 GaP 二极管发绿光,碳化硅 SiC 二极管发黄光,氮化镓 GaN 二极管发蓝光。LED 常用于人机交互的指示灯或文字/数字显示。

3. 实验内容及步骤

(1) 采用直流扫描分析电路的方法查看二极管的伏安特性曲线,电路如图 1.45 所示。

(2) 选择"Simulate"→"Analyses and Simulation"→"DC Sweep"→"Analysis parameters"选项卡,设置电源的扫描电压为 $-2\sim2$ V,增量为 0.1 V。

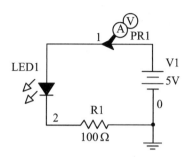

图 1.45   二极管伏安特性测量电路

（3）选择"Simulate"→"Analyses and Simulation"→"DC Sweep"→"Outputs"选项卡，设置分析变量为"I（PR1）"。

（4）选择"Simulate"→"Analyses and Simulation"→"DC Sweep"命令，单击"DC Sweep"对话框中的"Run"按钮开始分析，结束后，弹出图示仪"Grapher View"窗口，查看分析结果。

4. 实验结果

实验结果如图 1.46 所示。可以看到二极管的单向导电特性以及 LED1 二极管的导通电压约为 1.5 V。

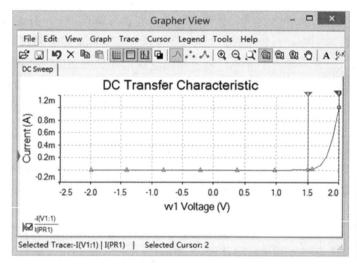

图 1.46   二极管伏安特性分析结果

5. 实验思考

二极管的伏安特性有什么特征？

1.2.2   桥式整流电路分析

1. 实验目的

（1）了解和掌握桥式整流电路的原理和特性，熟悉桥式整流电路的运用。

（2）熟悉 Multisim 14 的操作环境，能够使用仿真软件对桥式整流电路进行测量。

（3）加深对半导体二极管相关理论、概念、应用的理解。

2. 实验原理

桥式整流电路是根据二极管的单向导电特性,由 4 个二极管组成的桥式结构电路,能够将交流电转换为直流电,在各种高低压电源电路中都是重要的基本电路之一。桥式整流器中的 4 个二极管两两对接,当输入交流电压的正半部分时,只有正接的两个二极管导通,从而得到正电压输出;当输入交流电压的负半部分时,只有反接的另两个二极管导通,所以得到的还是正电压输出。

3. 实验内容及步骤

(1) 按照图 1.47 所示连接电路,使用 4 只二极管 D1 接成电桥形式,称为桥式整流电路。在虚拟仪器仪表工具栏(Instruments Toolbar)中选择"Function generator"并放置 XFG1,选择"Oscilloscope"并放置双通道逻辑分析仪 XSC1,将信号发生器 XFG1 连接至逻辑分析仪 XSC1。

(2) 设置信号发生器 XFG1 参数,如图 1.48 所示,信号类型:正弦信号;频率:50 Hz;振幅:310 Vp。

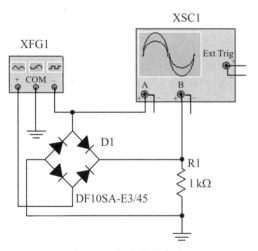

图 1.47　桥式整流电路

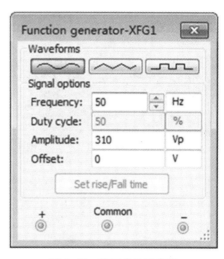

图 1.48　信号发生器参数

(3) 运行电路仿真,通过示波器 XSC1 查看输入/输出波形。

4. 实验结果

实验结果如图 1.49 所示。通过输出波形图可以发现,电阻两端的工作电压已经被整流成为直流脉动电压,电压级性不变,但电压大小值是不断波动的。

5. 实验思考

由于整流电压的脉动,在现实中仅仅使用 4 只二极管组成整流桥给负载直接供电往往是不被允许的,如何对整流电路的电压进行平滑处理呢?

电容器是现代电子设备和计算机中普遍使用的一种电子元件,可以说几乎无处不在,能够用于电路中的隔直流通交流、线路耦合、信号旁路、滤波电路、调谐回路、能量变换、电路微积分控制等方面。将图 1.47 所示电路增加电容滤波环节修改为图 1.50 所示的桥式整流电路。

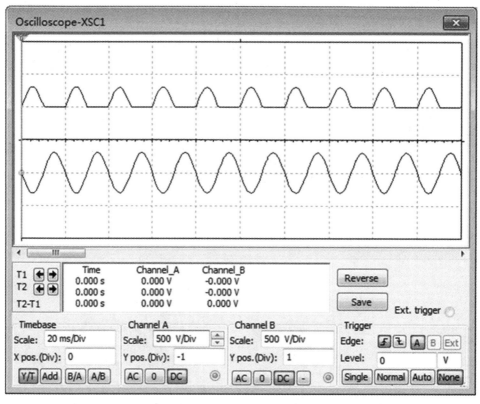

图 1.49　输入/输出波形

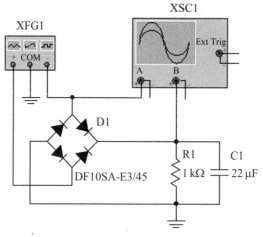

图 1.50　带电容滤波的桥式整流电路

　　运行电路仿真,结果如图 1.51 所示。与图 1.49 对比,可以看到电阻两端的电压脉动经电容滤波后已经明显减小($C=22\ \mu\mathrm{F}$)。显然,如果想进一步降低输出电压的脉动,可适当增大电容的容量。

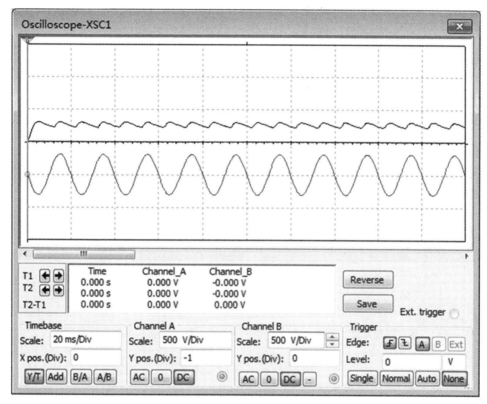

图 1.51　滤波后的仿真结果

1.2.3　三极管的伏安特性

1. 实验目的

(1) 了解和掌握三极管的伏安特性,熟悉三极管的运用。

(2) 熟悉 Multisim 14 的操作环境,能够使用仿真软件对三极管的伏安特性进行测量。

(3) 加深对半导体三极管相关理论、概念的理解。

2. 实验原理

三极管(Dipolar Junction Transistor)也称双极型晶体管、晶体三极管,是将两个 PN 结连续制作在一块半导体基片上而形成的,排列方式有 NPN 和 PNP 两种。整块半导体被这两个 PN 结分为三部分,中间是基区,两侧分别是发射区和集电区。1947 年 12 月 23 日,美国贝尔实验室发明了最早的三极管,巴丁(John Bardeen)博士、布莱顿(Walter Brattain)博士在肖克莱(William Shockley)博士的指导下做了半导体晶体管对声音信号处理的实验。3 位科学家首次发现他们发明的器件居然具有放大效应,仅需通过一个微小电流,便可成功控制另一侧更大的电流流过,从而诞生了具有划时代意义的晶体管。1956 年,这 3 位科学家因发明三极管而共获诺贝尔物理学奖。

3. 实验内容及步骤

(1) 在 Multisim 14 中可采用直流扫描分析或用伏安分析仪来测量三极管的伏安特性。

以使用伏安分析仪为例,在电路图中放置一个三极管 2N2712,在虚拟仪器仪表工具栏 (Instruments Toolbar)中选择"IV Analyzer",并放置伏安分析仪 XIV1,如图 1.52 所示,将三极管 2N2712 连接到仪器 XIV1 上。

(2) 打开伏安分析仪 XIV1 的显示面板"IV analyzer-XIV1",点击显示面板右上角 "Components"的选项框三角符号,在下拉列表选择元器件类型为"BJT NPN"。

(3) 打开伏安分析仪 XIV1 的显示面板"IV analyzer-XIV1",点击显示面板右下角"Simulate param."按钮,按照图 1.53 所示设置仪器仿真参数。

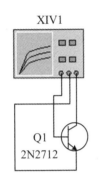

图 1.52　伏安分析仪测量电路

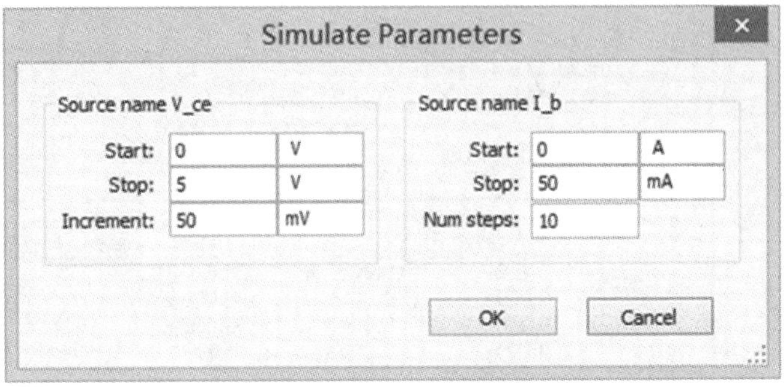

图 1.53　仪器仿真参数设置

(4) 单击 Multisim 仿真运行按钮,测量三极管伏安特性;测试结束后,停止仿真。调整伏安分析仪的游标,可以观察不同 V_ce 和 I_b 时的读数,如图 1.54 所示。

(5) 根据图 1.54 所示的测量结果对 2N2712 的伏安特性进行分析。

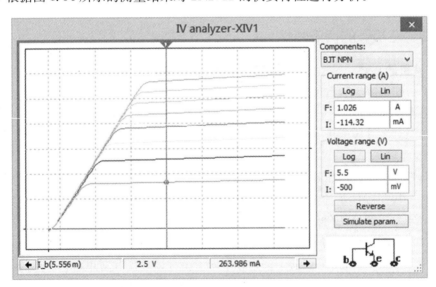

图 1.54　伏安特性测量结果

4. 实验结果

调整游标 V_ce＝2.5 V,选择 I_b＝5.556 mA 的曲线,测量得到 I_c＝263.986 mA,如图 1.54 所示。

5. 实验思考

如何通过直流扫描分析的方法,对三极管 2N2712A 的伏安特性进行分析呢?

（1）按图 1.55 所示连接电路。

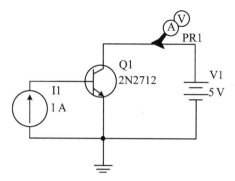

图 1.55　直流扫描分析电路

（2）执行菜单"Simulate"→"Analyses and Simulation"→"DC Sweep"→"Analysis parameters"命令。设置电源的扫描电压为 0～5 V,增量为 0.05 V,如图 1.56 所示。

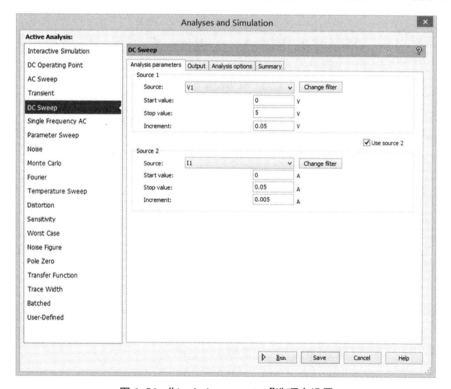

图 1.56　"Analysis parameters"选项卡设置

（3）在"Simulate"→"Analyses and Simulation"→"DC Sweep"→"Outputs"选项卡中设置分析变量为"I（PR1）"。

（4）执行菜单"Simulate"→"Analyses and Simulation"→"DC Sweep"命令。单击"DC Sweep"对话框中的"Run"按钮,分析结束后,弹出图示仪"Grapher View"窗口,查看分析

结果。

（5）调整游标到 vv1＝2.5001 V 上，结果如图 1.57 所示。仿真数据分析如图 1.58 所示，当选择 ii1＝0.005 A（即 I_b＝5 mA）的曲线，即 vv1＝2.5001 V 时，I_c 电流为247.8280 mA。

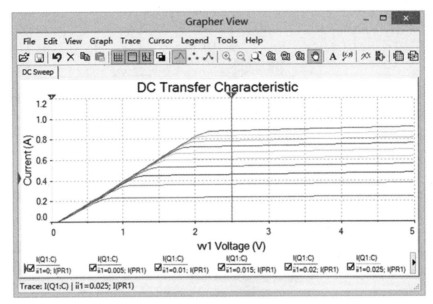

图 1.57 伏安特性分析结果

	I (Q1:C)	I (Q1:C)	I (Q1:C)	I (Q1:C)	I (Q1
	ii1=0; I(PR1)	ii1=0.005; I(PR1)	ii1=0.01; I(PR1)	ii1=0.015; I(PR1)	ii1=0.02
x1	2.5001	2.5001	2.5001	2.5001	
y1	55.4423p	247.8280m	371.9376m	467.3370m	5
x2	8.4865m	8.4865m	8.4865m	8.4865m	
y2	7.5639e-014	-3.6370m	-6.5529m	-8.7936m	-
dx	-2.4916	-2.4916	-2.4916	-2.4916	
dy	-55.3666p	-251.4650m	-378.4905m	-476.1306m	-55
dy/dx	22.2210p	100.9235m	151.9043m	191.0913m	2
1/dx	-401.3423m	-401.3423m	-401.3423m	-401.3423m	-40

图 1.58 数据分析结果

对比伏安分析仪测量三极管伏安特性的结果，如图 1.54 所示。调整游标 V_ce＝2.5 V，选择 I_b＝5.556 mA 的曲线，测量得到 I_c＝263.986 mA。因此，使用不同的仿真方法对同一只三极管伏安特性进行测量和分析，结果都是一致的。

1.2.4 晶体振荡器

1. 实验目的

（1）了解和掌握晶体振荡器的原理和特性，熟悉晶体振荡器的运用。

（2）熟悉 Multisim 14 的操作环境，能够使用仿真软件对晶体振荡器进行仿真和测量。

（3）加深对时钟周期、定时器等相关理论、概念的理解。

2. 实验原理

计时电路是现代数字电路和计算机电路中必不可少的部件,通常也称为时钟源或计时器(Timer),一般使用一个精密加工的石英晶体(Crystal Oscillator)。石英晶体是精度和稳定度都很高的振荡器,能够在张力限度内按照预定的频率振荡,频率大小跟晶体切割方式和受到张力有关。

石英晶体振荡器具有两个电极,若加上电场就能使晶片发生机械变形。石英晶体振荡器还具有压电效应,即在晶体两侧施加机械压力会在相应方向上将产生电场。进一步地,若在晶体两极施加交变电压,会使其产生规律的机械振动,同时其机械振动又产生交变电场。晶体机械振动的振幅和交变电场的振幅通常都很小,只有交变电压频率达到某一特定值时,晶体振幅才会比其他频率下的振幅远远大得多,即产生压电谐振现象。

石英晶体振荡器通常利用石英晶体(二氧化硅的结晶体)的压电谐振效应制成,按一定方位角从一块石英晶体上切下正方形、矩形或圆形等形状的薄片(即晶片),并在两个对立面上涂敷银层制成电极,并在各电极上焊接引线并接到管脚上,表面再加上封装外壳。

3. 实验内容及步骤

(1) 构建石英晶体振荡器 X1 的并联电路,如图 1.59 所示。在虚拟仪器仪表工具栏(Instruments Toolbar)中选择"Multimeter"并放置仪表 XMM1,选择"Frequency counter"并放置频率计 XFC1,选择"Oscilloscope"并放置双通道逻辑分析仪 XSC1。

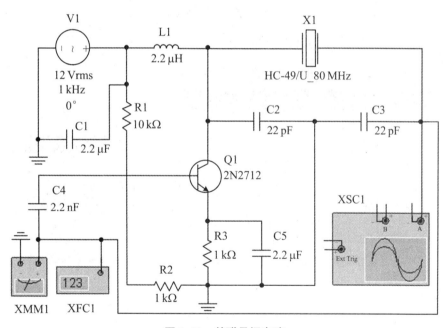

图 1.59　并联晶振电路

(2) 按下仿真按钮,可以在示波器 XSC1 上观察到振荡波形,如图 1.60 所示。石英晶体工作在略高于呈感性的频段内,可在三点式电路中用作回路电感。

(3) 双击频率计 XFC1,读出石英晶体振荡器的振荡频率,振荡频率介于石英晶体的串联谐振频率和并联谐振频率之间,如图 1.61 所示。

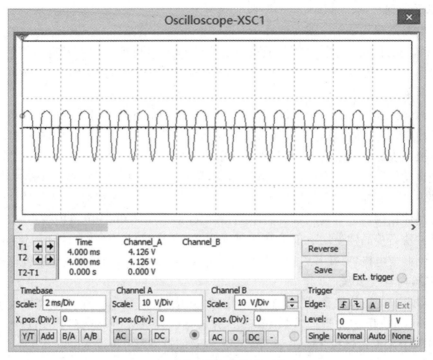

图 1.60   石英晶体振荡器的振荡波形

（4）双击万用表 XMM1，读出石英晶体振荡器的振荡幅度，如图 1.62 所示。

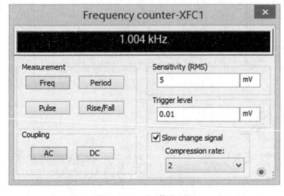

图 1.61   振荡频率

图 1.62   振荡幅度

4. 实验结果

在示波器 XSC1 上观察到的晶体振荡器波形，如图 1.60 所示。振荡频率如图 1.61 所示，振荡幅度如图 1.62 所示。

频率计 XFC1 指示这个石英晶体振荡器的振荡频率为 1.004 kHz，万用表 XMM1 指示这个石英晶体振荡器的振荡幅度为 6.601 V。

5. 实验思考

石英晶体振荡器的频率与时钟周期、机器周期有何关系？

1.3 习题与解答

【**习题 1.1**】 试用 McCabe 度量法计算图 1.63 中的程序流程图的环路复杂度。

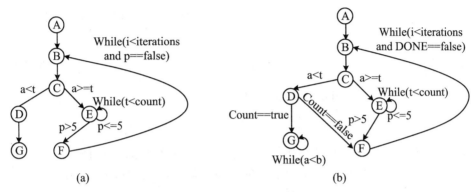

图 1.63 题设流程图

解 (1) McCabe 对程序的复杂性度量是基于控制环路的复杂性。根据参考文献[1],有 $V(G)=e-n+2p$,其中,有向图 G 中的环路数为 $V(G)$,弧的个数为 e,节点数为 n,强连通分量的个数为 p。根据图 1.63(a)可知,$e=8,n=7,p=1$,有 $V(G)=e-n+2p=8-7+2\times1=3$。

(2) 类似地,根据图(b)可知,$e=9,n=7,p=1$,有 $V(G)=e-n+2p=9-7+2\times1=4$。

【**习题 1.2**】 设某机器主频为 2.0 GHz,平均指令周期含 2.5 个机器周期,平均每个机器周期含 2 个时钟周期,则:(1) 该机的 MIPS 为多少? (2) 若主频不变,平均指令周期含 5 个机器周期,但平均每个机器周期含 4 个时钟周期,则该机的 MIPS 又是多少? (3) 由此可得出什么结论?

解 (1)首先,根据主频求解时钟周期,时钟周期=1/2 GHz≈0.466 ns;

其次,根据时钟周期求解机器周期,机器周期=0.466 ns×2=0.932 ns;

再次,求解平均指令周期,平均指令周期=0.932 ns×2.5=2.33 ns;

最后,根据平均指令周期求解 MIPS,平均指令执行速度=1/2.33 ns=429.2 MIPS。

(2) 调整参数后的求解步骤与上述步骤类似,即:

机器周期=0.466 ns×4=1.864 ns;

平均指令周期=1.864 ns×5=9.32 ns;

平均指令执行速度=1/9.32 ns=107.3 MIPS。

(3) 由此可知:主频相同的两台机器,其执行速度可能不同。

【**习题 1.3**】 某机器的主频为 2.0 GHz,不同指令的平均指令执行时间和使用频率如表 1.1 所示,试计算该机的 MIPS? 若主频升为 4.0 GHz,试计算该机器的 MIPS。

表 1.1 各类指令的平均执行时间和使用频率

指令类别	存取	加、减、比较、转移	乘除	其他
平均指令执行时间	1.2 ns	1.6 ns	20 ns	2.8 ns
使用频率	40%	45%	5%	10%

解 根据参考文献[1]和表 1.1 中各类指令的平均执行时间和使用频率,可知:

(1) 平均指令执行速度为

$$\frac{1}{1.2 \times 40\% + 1.6 \times 45\% + 20 \times 5\% + 2.8 \times 10\%} = \frac{1}{2.48 \text{ ns}} \approx 403.2 \text{ MIPS}$$

(2) 芯片主频升为 4.0 GHz,平均指令执行速度为

$$\frac{403.2 \text{ MIPS} \times 4 \text{ GHz}}{2 \text{ GHz}} = 806.4 \text{ MIPS}$$

【习题 1.4】 在某机器中,某功能部件的执行时间占整个系统执行时间的 60%。试求该功能部件的处理速度应提高到多少倍,才能将整个系统的性能提高 2.0 倍?

解 由题意可知,$F_e = 0.6$,$S_n = 2$,根据 Amdahl 定律,有

$$S_n = \frac{T_0}{T_n} = \frac{1}{(1 - F_e) + \dfrac{F_e}{S_e}} = 2$$

进而得 $S_e = 6$,因此,需将该功能部件的处理速度提高 6 倍。

【习题 1.5】 在某系统中,某一功能的处理时间占整个系统运行时间的 30%,若将该功能的处理速度提高到 10 倍,问整个系统的性能提高了多少倍?

解 由题意可知,$F_e = 0.3$,$S_e = 10$,根据 Amdahl 定律,有

$$S_n = \frac{1}{(1 - F_e) + \dfrac{F_e}{S_e}} = \frac{1}{(1 - 0.3) + \dfrac{0.3}{10}} \approx 1.37$$

即将该功能的处理速度提高到 10 倍,则整个系统的性能提高为原来的 1.37 倍。

第2章 数的表示与计算体系

2.1 仿真实验

2.1.1 加法器

1. 实验目的

(1) 掌握运算功能的组合逻辑电路仿真和设计方法。

(2) 验证半加法器和全加法器的逻辑功能。

(3) 加深对加法器相关理论、概念的理解。

2. 实验原理

根据加法器是否考虑进位,可分为半加器和全加器。

(1) 半加器

半加只考虑对两个加数本身进行运算,而不考虑来自相邻低位的进位。实现半加运算功能的电路称为半加器(half adder),可实现两个一位二进制数相加。半加器的真值表如表2.1所示,电路图及符号如图2.1所示。因此,可以使用基本的与门74LS08、异或门74LS86构成半加器,相应芯片的功能和真值表见第1章有关内容。

表 2.1 半加器真值表

Ai	Bi	Si	Ci
0	0	0	0
0	1	1	0
1	0	1	0
1	1	0	1

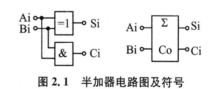

图 2.1 半加器电路图及符号

由真值表2.1可推导出半加器的逻辑表达式:

$$Si = \overline{Ai}Bi + Ai\overline{Bi} = Ai \oplus Bi, \quad Ci = AiBi \tag{2.1}$$

(2) 一位全加器

考虑进位的全加运算:Ai+Bi+Ci=SiCi1,则一位全加器(full adder)真值表如表2.2所示,一位全加器逻辑符号与逻辑电路如图2.2所示。

一位全加器的逻辑方程如(2.2)式所示。

$$Si = \overline{Ai}\,\overline{Bi}Ci + \overline{Ai}\,Bi\,\overline{Ci} + Ai\,\overline{Bi}\,\overline{Ci} + AiBiCi = Ai \oplus Bi \oplus Ci \tag{2.2}$$

$$Ci1 = \overline{Ai}\,BiCi + Ai\,\overline{Bi}Ci + AiBi = (Ai \oplus Bi)Ci + AiBi$$

因此,可以使用基本的与门 74LS08、异或门 74LS86、或门 74LS32 构成全加器,相应芯片的功能和真值表见第 1 章有关内容。

表 2.2 一位全加器真值表

输入			输出	
Ai	Bi	Ci	Si	Ci1
0	0	0	0	0
0	0	1	1	0
0	1	0	1	0
0	1	1	0	1
1	0	0	1	0
1	0	1	0	1
1	1	0	0	1
1	1	1	1	1

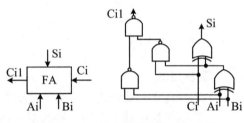

图 2.2 一位全加器逻辑符号与电路

3. 实验内容及步骤

(1) 如图 2.3 所示,连接好半加器电路,设置电源电压为 5 V。

(2) 单击 Multisim 仿真运行按钮。

(3) 分别控制 S1 和 S2 两个单刀双掷开关,输入数据 Ai 和 Bi,观察并记录在不同情况下两个发光二极管的亮灭,以验证半加器逻辑电路真值表(见表 2.1)。

(4) 如图 2.4 所示,连接好全加器电路,设置电源电压为 5 V。

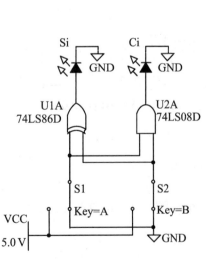

图 2.3 半加器仿真电路

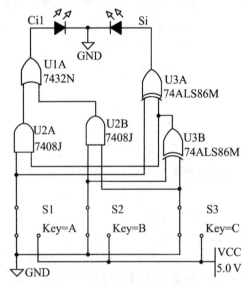

图 2.4 全加器仿真电路

（5）Ai,Bi,Ci 分别接开关 S1,S2,S3,全加器输出 Ci1,Si 接发光二极管。

（6）单击 Multisim 仿真运行按钮。

（7）分别控制 S1,S2 及 S3 三个单刀双掷开关模拟输入数据 Ai,Bi,Ci,观察并记录在不同情况下二极管 Ci1,Si 的亮灭,以验证全加器逻辑电路真值表（见表 2.2）。

4. 实验结果

（1）半加器实验结果如图 2.5 所示,S1＝1（表示 Ai＝1）,S2＝0（表示 Bi＝0）时,Si 亮（表示 Si＝1）,Ci 灭（表示 Ci＝0）。通过调节开关 S1,S2,记录和分析 LED 灯 Si,Ci 亮灭情况,验证半加器电路真值表（见表 2.1）。

（2）全加器实验结果如图 2.6 所示,S1＝S2＝S3＝1 时（表示 Ai＝1,Bi＝1,Ci＝1）,Ci1 和 Si 都亮（表示 Ci1＝1,Si＝1）。通过调节 S1,S2,S3 开关,记录和分析发光二极管 Ci1,Si 的工作情况,验证全加器电路真值表（见表 2.2）。

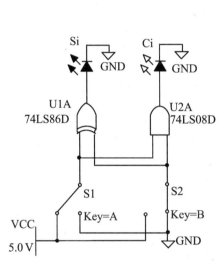

图 2.5　半加法器仿真结果

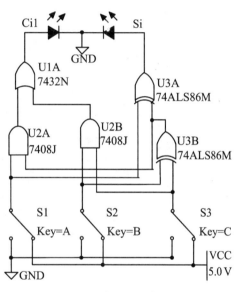

图 2.6　全加器仿真结果

5. 实验思考

半加器电路和全加器电路在功能上有何异同?

2.1.2　二进制计数器

1. 实验目的

（1）学习和掌握二进制计数的仿真和设计方法,验证 74LS161 的功能。

（2）使用二进制计数器和逻辑门设计十进制计数器。

（3）加深对进制计数制相关理论、概念的理解。

2. 实验原理

74LS161 是 4 位二进制同步加法计数器,其芯片封装和真值表见第 1 章有关内容。当清零端～CLR＝0 时,74LS161 计数器四个输出 QD,QC,QB,QA 立即全为 0,此时为异步复位功能。当～CLR＝1 且装载端～LOAD＝0 时,在时钟信号 CLK 上升沿"↑"作用后,

74LS161 输出端 QD,QC,QB,QA 的状态分别与并行数据输入端 D,C,B,A 的状态相同,此时为同步置数功能。而只有当～CLR=1,～LOAD=1,且使能端 ENP=ENT=1 时,在 CLK 脉冲信号上升沿"↑"作用后,计数器才加 1,实现计数功能。74LS161 还有一个进位输出端 RCO,其逻辑关系是 RCO=QD・QC・QB・QA・ENT。应用 74LS161 计数器的清零功能和置数功能,能够组成不超过 16 进制的任意进制计数器。

计数器 74LS161 具有反馈清零功能,能够清除相应数据段和并行置入段,从而结束循环计数且返回计数起点。74LS161 还具有异步清零功能,在计数过程中无论其输出位于何种状态,只需在异步清零端～CLR 加一低电平 0,则 74LS161 的输出立即恢复为状态 0000B。当清零信号结束后,74LS161 从状态 0000B 开始重新计数。

3. 实验内容及步骤

(1) 放置信号发生器 V1,并设置信号,如图 2.7 所示,以 2 Hz 的频率产生占空比为 50%的方波并设置幅度为 5 V。

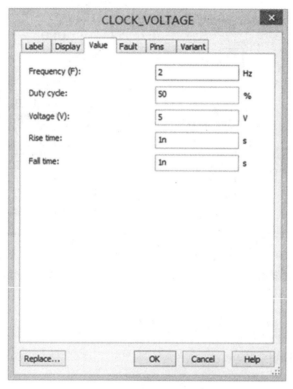

图 2.7 函数发生器设置参数

(2) 如图 2.8 所示,连接好电路,使用 74LS161 和逻辑门连成一个十进制计数器。

(3) 单击 Multisim 仿真运行按钮。

(4) 观察数码管查看计数器从 0 到 9 的十进制计数过程,并记录实验数据。

4. 实验结果

计数器能够实现从 0(图 2.8),到 9(图 2.9)的计数过程,完成十进制计数器功能。

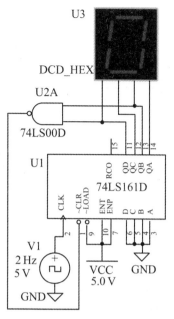

图 2.8　十进制计数器仿真电路

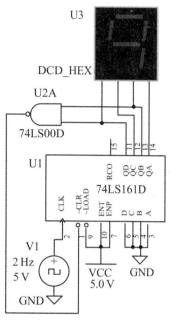

图 2.9　实验结果

5. 实验思考

如何使用 74LS161 实现 16 进制计数器?

2.1.3　双向移位寄存器

1. 实验目的

(1) 学习移位寄存器的仿真和设计方法,了解函数发生器并学会使用逻辑分析仪。

(2) 验证 74LS194 的功能,掌握 74LS194 仿真移位寄存器的基本方法。

(3) 加深对移位寄存器相关理论、概念的理解。

2. 实验原理

74LS194 是一种典型 4 位双向移位寄存器,由 4 个 RS 触发器和一些门电路构成,具有左移、右移、并行输入数据、保持及异步清零 5 种功能。其芯片封装和真值表见第 1 章有关内容。D,C,B,A 为并行输入端,QD,QC,QB,QA 为并行输出端,SL 为左移串输入端,SR 为右移串输入端,S1,S0 为操作模式控制端,～CLR 为直接无条件清零端,CLK 为时钟信号输入端。通过与逻辑门电路组合,并合理组织 74LS194 的引脚,可以在移位脉冲的触发下实现多种不同的移位功能。

3. 实验内容及步骤

(1) 如图 2.10 所示,连接好电路,使用一个移位寄存器 74LS194 和与非门 74LS00(其芯片封装和真值表见第 1 章有关内容)构成仿真电路,并使用一个函数发生器 XFG1 和逻辑分析仪 XLA1 进行功能测试。在虚拟仪器仪表工具栏(Instruments Toolbar)中选择"Function generator"并放置 XFG1,选择"Logic Analyzer"并放置 XLA1。

(2) 设置函数发生器 XFG1 参数,如图 2.11 所示。

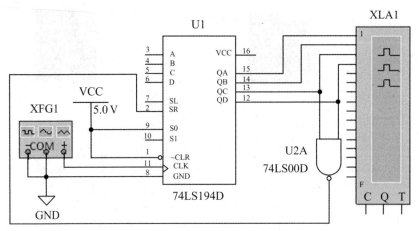

图 2.10 移位寄存器仿真电路

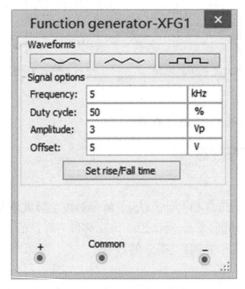

图 2.11 函数发生器设置参数

（3）单击 Multisim 仿真运行按钮。

（4）双击逻辑分析仪观察输出结果，并记录实验数据。

4. 实验结果

实验结果如图 2.12 所示，4 个输出端 QA，QB，QC，QD 的时序验证了移位功能。

5. 实验思考

如何对本实验中移位寄存器的移位方向进行反转？

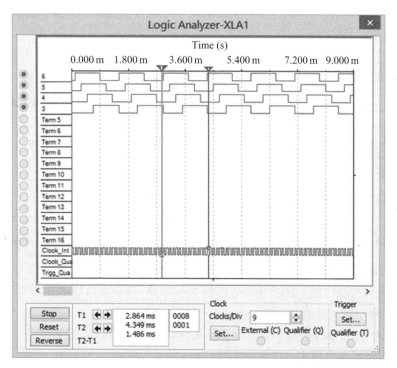

图 2.12 移位寄存器实验结果

2.1.4 奇偶校验电路

1. 实验目的

（1）学习奇偶校验电路的仿真设计方法。

（2）能够使用 Multisim 完成 2 位和 8 位奇偶校验电路的设计。

（3）加深对数据校验相关理论、概念的理解。

2. 实验原理

奇偶校验码是一种最简单、最常用的校验码，广泛用于存储器的读写校验或 ASCII 码字符传送检查。奇偶校验码的编码方法是：在 n 位有效信息位上增加一位二进制位作为校验位 P，组成共 $n+1$ 位的奇偶校验码。校验位 P 一般在有效信息位的最高位之前或最低位之后。奇偶校验（parity check）包括奇校验和偶校验两种。

奇校验（odd ECC）：使 $n+1$ 位的奇偶校验码中有奇数个 1。

偶校验（even ECC）：使 $n+1$ 位的奇偶校验码中有偶数个 1。

例如，设 D7 D6 D5 D4 D3 D2 D1 D0 为 8 位有效信息，D7 为最高信息位，加 1 位校验位 P 构成的 9 位奇偶校验码为 D7 D6 D5 D4 D3 D2 D1 D0 P 或 P D7 D6 D5 D4 D3 D2 D1 D0。

如果采用偶校验，则校验位 P 的确定方法如下：

$$P_{even} = D7 \oplus D6 \oplus D5 \oplus D4 \oplus D3 \oplus D2 \oplus D1 \oplus D0 \tag{2.3}$$

如果采用奇校验，则校验位 P 的确定方法如下：

$$P_{odd} = \overline{P_{even}} \tag{2.4}$$

根据式(2.3)和式(2.4),可建立奇偶校验码中校验位 P_{even} 与 P_{odd} 的形成电路,如图2.13所示。

特别地,对于2输入偶校验器,其两位输入分别为D1,D0,校验位 $P = D1 \oplus D0$,该校验电路的真值表如表2.3所示。

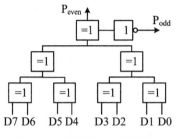

图2.13 校验位 P 的形成电路

表2.3 2输入偶校验器真值表

输入		校验位
D1	D2	P
0	0	0
0	1	1
1	0	1
1	1	0

3. 实验内容及步骤

(1) 2输入偶校验电路如图2.14所示,连接好电路,并设置电源电压为5 V。

(2) 单击 Multisim 仿真运行按钮。

(3) 分别调节 D1 和 D0 两个单刀双掷开关,模拟输入数据位,观察并记录 LED 灯 P_{even} 亮灭情况,并将结果与真值表2.3进行对比,验证是否正确。

(4) 8输入偶校验电路如图2.16,按图连接好电路,并设置电源电压为5 V。

(5) 单击 Multisim 仿真运行按钮。

(6) 分别调节8个单刀双掷开关,模拟8个输入数据(D7 D6 D5 D4 D3 D2 D1 D0),观察并记录 LED 灯 P_{even} 亮灭情况,并将结果与式(2.3)进行对比,验证是否正确。

4. 实验结果

2输入偶校验器实验结果如图2.15所示,调节开关使得 D1=1,D0=0,观察到 LED 灯 P_{even} 亮起。变换输入数据进行几组实验,验证2输入偶校验器真值表(表2.3)。记录实验数据,并分析实验现象。

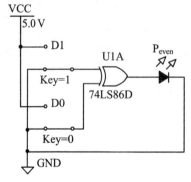

图2.14 2输入偶校验器

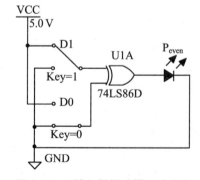

图2.15 2输入偶校验器实验结果

8输入偶校验器实验结果如图2.17所示,调节开关 D7～D0,使得输入数据为 0111 1111B,观察 LED 灯 P_{even} 亮起。调整开关 D7～D0,变换输入数据进行几组实验,验证8输入偶校验器真值表。记录实验数据,并分析实验现象。

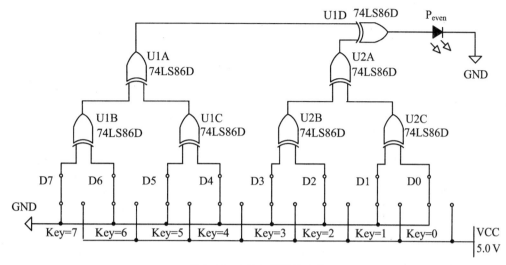

图 2.16　8 输入偶校验电路

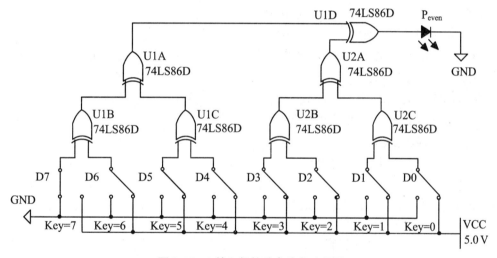

图 2.17　8 输入偶校验电路实验结果

5. 实验思考

如何将本实验中的 2 输入/8 输入偶校验电路修改为奇校验电路?

2.1.5　八选一数据选择器

1. 实验目的

(1) 了解数据选择器的仿真、设计与分析方法。

(2) 掌握 74LS151 构建数据选择器的具体方法与步骤。

(3) 加深对数据选择器相关理论、概念的理解。

2. 实验原理

数据选择器(Data Selector)能根据指定的输入地址代码,从一组输入信号中选择该地址代码所对应的端口并送至输出端,也称为多路选择器、多路调制器(Multiplexer)或多路开关。四选一数据选择器的原理图如图 2.18 所示,共有 4 个数据输入端 D0,D1,D2,D3,一个输出端 Y,另有两个地址输入端 A1,A0。

工作原理是给定一组地址信号 A1 A0,比如 01B,就相当于选择了 D1 这个输入端,信号 D1 就从对应的输出端 Y 输出。从表 2.4 可见,利用 A1 A0 指定的地址代码,能够选择 4 个输入数据 D0,D1,D2,D3 中的任何一个并送至输出端。

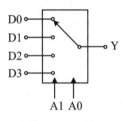

图 2.18　数据选择器

表 2.4　数据选择器控制表

控制		选择的输出源
A1	A0	Y
0	0	D0
0	1	D1
1	0	D2
1	1	D3

74LS151 为互补输出的八选一数据选择器,可用于四总线缓冲器,其芯片封装和真值表见第 1 章相关内容。C,B,A 为选择控制地址端(按二进制译码),根据 C,B,A 输入组合不同,从输入端 D0~D7 中选择一个输入数据送至输出端 Y。

~G 为使能端,低电平时为有效状态。当使能端~G=0 时,多路开关功能被禁止,无论 A~C 状态如何,均无输出(Y=0,~W=1)。当使能端~G=0 时,多路开关功能正常,根据地址端 C,B,A 状态从 D0~D7 中选择一个通道的数据输出到 Y。如 CBA=001 B,则输出端 Y=D1;当 CBA=101 B,则输出端 Y=D5。

3. 实验内容及步骤

(1) 如图 2.19 所示,连接好电路,构建 74LS151 数据选择器仿真电路,并通过拨码开关 S1 分别向 D0~D7 端输入不同的数据。在虚拟仪器仪表工具栏(Instruments Toolbar)中选择"Four channel oscilloscope"四通道示波器,并在 74LS151 输出端 Y 连接示波器 XSC1。

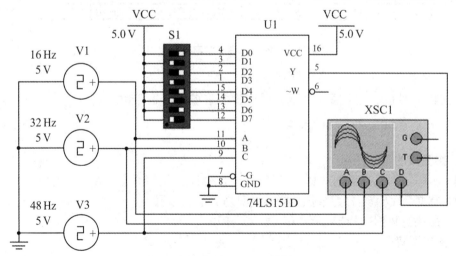

图 2.19　数据选择器测试电路

（2）在 A,B,C 端口连入电源 V1,V2,V3,并分别设置参数,如图 2.20 中(a)、(b)、(c)
所示。

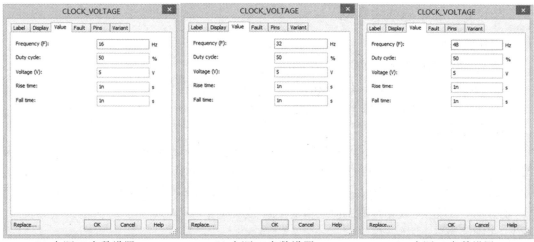

(a) 电源V1参数设置　　　　　(b) 电源V2参数设置　　　　　(c) 电源V3参数设置

图 2.20　电源参数设置

（3）单击 Multisim 仿真运行按钮。

（4）调整使能端电平状态,使多路开关正常工作,调整 C～A 的状态,双击双踪示波器
XSC1,观察并记录输出结果。

4. 实验结果

实验结果如图 2.21 所示,设置输入开关 S1 为 0101 0101B,观察示波器 XSC1 中显示出
的三输入 A,B,C 及输出 Y 的波形,可以验证数据选择是否正确。记录实验数据,并分析实
验现象。

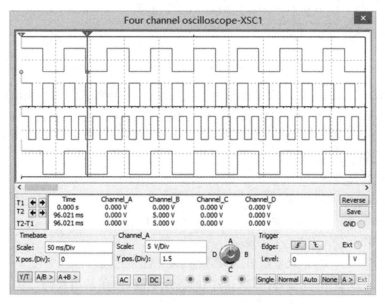

图 2.21　数据选择器测试输出波形

5. 实验思考

如何构建 16 路数据选择器电路?

2.1.6 三态总线缓冲器

1. 实验目的

(1) 了解三态总线缓冲器的仿真与设计方法。

(2) 掌握 74LS126 构造三态总线的方法与仿真分析技术。

(3) 加深对三态门和总线等相关理论、概念的理解。

2. 实验原理

三态指其输出既包括一般二值逻辑(正常的高电平逻辑 H 或低电平逻辑 L),又有特有的高阻抗状态(高阻态 Z)。高阻态电阻很大,相当于隔断状态或开路。具备这三种状态的器件就称为三态器件或三态门。三态门有一个控制使能端 EN 用于控制门电路的通断。当 EN 有效时,三态门呈现正常的二值逻辑输出(0 或 1);当 EN 无效时,三态门输出呈高阻态。图 2.22 所示为三态门结构。

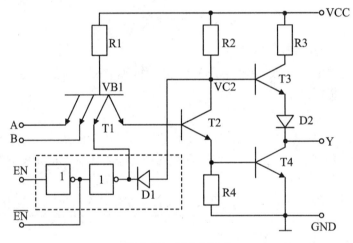

图 2.22 三态门结构

三态总线缓冲器 74LS126 内含有四组总线缓冲器,其三态输出受到使能端的控制(OE 低位禁止),其芯片封装和真值表见第 1 章相关内容。当 OE＝1 时,使能端有效,器件实现正常逻辑状态输出(低电平逻辑 0、高电平逻辑 1);当 OE＝0,使能端无效,输出处于高阻状态,即等效于与所连的电路断开。

3. 实验内容及步骤

(1) 将 74LS126 与 74LS00 连接成如图 2.23 所示的单门三态门电路。在虚拟仪器仪表工具栏(Instruments Toolbar)中选择"Multimeter"并放置 XMM1,XMM2。

(2) 点击 Multisim 仿真运行按钮。

(3) 拨动 S1 中开关,记录电压表 XMM1 和 XMM2 的读数。

(4) 如图 2.24 所示,连接好四门三态门的选通电路,使用两组拨码开关 S1,S2 接不同电源完成四门 74LS126 对不同电平的选通控制。

（5）点击 Multisim 仿真运行按钮。

（6）分别拨动图 2.24 中 S1 和 S2 中开关，记录电压表 XMM1 的读数。

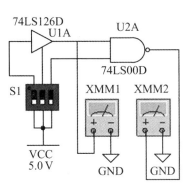

图 2.23　单门三态门电路

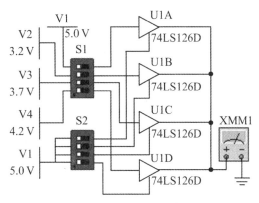

图 2.24　四门三态门的选通电路

4. 实验结果

单门三态门的实验结果如图 2.25 所示，调整开关 S1 的状态，分别测量两个电压表的结果。记录实验数据，并分析实验现象。

(a) XMM1测量结果

(b) XMM2测量结果

图 2.25　单门三态门电路实验结果

四门三态门的实验结果如图 2.26 所示，适当拨动 S1 和 S2 中开关可得到图 2.26 结果。记录实验数据，并分析实验现象。

图 2.26　四门三态门的实验结果

5. 实验思考

如何控制开关得到图 2.26 的结果?

2.2 习题与解答

【习题 2.1】 将以下十进制的数转换为二进制、八进制、十六进制。

(1) 192; (2) 0.618; (3) 3.14; (4) 29.979。

解

	十进制值	二进制	八进制	十六进制
(1)	192	11000000	300	C0
(2)	0.618	0.10011110	0.47432477	0.9E353F7C
(3)	3.14	11.00100011	3.10753412	3.23D70A3D
(4)	29.979	11101.11111010	35.76517676	1D.FA9FBE76

【习题 2.2】 写出下列二进制数的原码、反码、补码和移码。

(1) $\pm 1101B$; (2) $\pm 0.1011B$; (3) $\pm 0B$。

解

	(1)		(2)		(3)	
	+1101B	−1101B	+0.1011B	−0.1011B	+0B	−0B
原码	01101B	11101B	0.1011B	1.1011B	00000	10000
反码	01101B	10010B	0.1011B	1.0100B	00000	11111
补码	01101B	10011B	0.1011B	1.0101B	00000	00000
移码	11101B	00011B	1.1011B	0.0101B	10000	10000

【习题 2.3】 请画出字长为 n 位(不含符号位)的机器数,完成补码一位乘的运算器框图,要求:(1) 用方框表示寄存器和全加器;(2) 指出每个寄存器的位数及寄存器内容;(3) 画出第 5 位全加器的输入逻辑电路;(4) 描述乘法过程。

解 (1) 补码一位乘的运算器如图 2.27 所示,方框表示寄存器和全加器。

(2) 图中加法器和寄存器 X,Y,M 均为 $n+2$ 位;寄存器 X 存放被乘数,最高 2 位为符号位;寄存器 Y 存放部分积,最高 2 位为符号位,初态为 Y=0;寄存器 M 存放乘数,最高 1 位符号位,最末位附加位初态 $M_{n+1}=0$。计数器 C 控制乘法移位次数。

(3) 第 5 位全加器的输入电路如图 2.28 所示。

(4) 乘法过程包括受 M 寄存器末两位(M_n,M_{n+1})控制的重复加操作:

$$(\overline{M_n}\,\overline{M_{n+1}} + M_n M_{n+1}) \cdot Y + \overline{M_n} M_{n+1} \cdot (Y + X) + M_n \overline{M_{n+1}} \cdot (Y + \overline{X} + 1) \to Y$$

以及右移一位的移位操作:L(Y//M)→R(Y//M)。

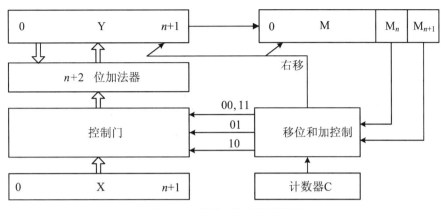

图 2.27 补码一位乘运算框图

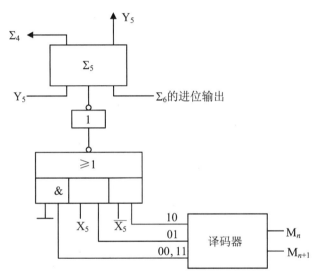

图 2.28 第 5 位全加器的输入电路

【习题 2.4】 假设最低位为校验位,试写出下述两个数据的奇/偶校验码。

(1) 0011001B; (2) 0101101B。

解 各有效信息对应的奇校验码和偶校验码如下:

	D6 D5 D4 D3 D2 D1 D0	P_{odd}	P_{even}	奇校验码	偶校验码
(1)	0 0 1 1 0 0 1	0	1	0011 0010B	0011 0011B
(2)	0 1 0 1 1 0 1	1	0	0101 1011B	0101 1010B

【习题 2.5】 假设生成多项式为 $G(x)=x^3+x^2+1$,试写出下列 4 位信息的 CRC 码。

(1) 0000B; (2) 0101B; (3) 1010B; (4) 1111B。

解 生成多项为 $k+1$ 位的 x^3+x^2+1,即 $G(x)=1101$;校验位的位数为 $k=3$,在有效数据位后面添 3($k=3$)个 0,然后用它与 $G(x)$ 进行模 2 除法运算,运算过程如下:

(1)

```
                                    0 0 0 0
1 1 0 1 | 0 0 0 0 0 0 0
                    0 0 0 0
                        0 0 0 0
                          0 0 0 0
                            0 0 0
```

余数为 000,所以被检数据的 CRC 校验码为 0000000。

(2)

```
                                    0 1 1 0
1 1 0 1 | 0 1 0 1 0 0 0
                    0 0 0 0
                      1 0 1 0
                      1 1 0 1
                        1 1 1 0
                        1 1 0 1
                          1 1 0
```

余数为 110,所以被检数据的 CRC 校验码为 0101110。

(3)

```
                                    1 1 0 1
1 1 0 1 | 1 0 1 0 0 0 0
          1 1 0 1
            1 1 1 0
            1 1 0 1
              1 1 0 0
              1 1 0 1
                0 0 1
```

余数为 001,所以被检数据的 CRC 校验码为 1010001。

(4)

```
                                    1 0 1 1
1 1 0 1 | 1 1 1 1 0 0 0
          1 1 0 1
            1 0 0 0
            1 1 0 1
              1 0 1 0
              1 1 0 1
                1 1 1
```

余数为 111,所以被检数据的 CRC 校验码为 1111111。

【习题 2.6】 假设生成多项式 $G(x)=x^3+x^2+1$,当从磁盘中读取数据的 CRC 码为 1101101B,试计算读出的数据是否正确?

解 生成多项式为 $k+1$ 位的 x^3+x^2+1,即 $G(x)=1101$;根据 CRC 检错方法,将读取数据的 CRC 码与 $G(x)$ 进行模 2 除法运算,运算过程如下:

$$
\begin{array}{r}
1\ 0\ 0\ 0 \\
1\ 1\ 0\ 1\ \overline{\smash{\big)}\,1\ 1\ 0\ 1\ 1\ 0\ 1} \\
\underline{1\ 1\ 0\ 1} \\
0\ 1\ 0\ 1
\end{array}
$$

由于 1101101/1101 的余数为 101≠0。根据 CRC 校验原理,从磁盘中读取的带有 CRC 校验码的数据无法被相同的生成多项式整除,由此可知读出的数据不正确。

【**习题 2.7**】 假设采用奇校验的 11 位海明码,被校验数据为 1010101B。若接到的代码为 10110100100B 和 10111100100B,试计算两个数据是否正确。

解 根据参考文献[1]中第 2 章的指误字公式,求解如下:

(1) 若接收到的代码为 10110100100B,可得 11 位海明校验的各码位为:

1	0	1	1	0	1	0	0	1	0	0
D6	D5	D4	P8	D3	D2	D1	P4	D0	P2	P1

可得海明码指误字为:

$E0=D6\oplus D4\oplus D3\oplus D1\oplus D0\oplus P1=1\oplus1\oplus0\oplus0\oplus1\oplus0=1$

$E1=D6\oplus D5\oplus D3\oplus D2\oplus D0\oplus P2=1\oplus0\oplus0\oplus1\oplus1\oplus0=1$

$E2=D3\oplus D2\oplus D1\oplus P4=0\oplus1\oplus0\oplus0=1$

$E3=D6\oplus D5\oplus D4\oplus P8=1\oplus0\oplus1\oplus1=1$

由于 $\overline{E3E2E1E0}=0000$,则收到的代码正确,没有(1 位)错。

(2) 若接收到的代码为 10111100100B,可得 11 位海明校验的各码位为:

1	0	1	1	1	1	0	0	1	0	0
D6	D5	D4	P8	D3	D2	D1	P4	D0	P2	P1

可得海明码指误字为:

$E0=D6\oplus D4\oplus D3\oplus D1\oplus D0\oplus P1=1\oplus1\oplus1\oplus0\oplus1\oplus0=0$

$E1=D6\oplus D5\oplus D3\oplus D2\oplus D0\oplus P2=1\oplus0\oplus1\oplus1\oplus1\oplus0=0$

$E2=D3\oplus D2\oplus D1\oplus P4=1\oplus1\oplus0\oplus0=0$

$E3=D6\oplus D5\oplus D4\oplus P8=1\oplus0\oplus1\oplus1=1$

由于 $\overline{E3E2E1E0}=0111$,不为全 0,则收到的代码有(1 位)错。根据 $\overline{E3E2E1E0}=0111$,显示第 7 位代码出错,将第 7 位代码(即 D3)取反,可得到正确的代码 10110100100B。

第 3 章　指令系统设计

3.1　仿　真　实　验

3.1.1　定长指令编码电路

1. 实验目的

(1) 了解编码器工作原理及常用优先编码器的引脚功能。

(2) 掌握定长指令编码电路的仿真方法和步骤。

(3) 加深对定长指令编码等相关理论、概念的理解。

2. 实验原理

编码器能够将输入信号编码成相应的二进制代码,分为普通编码器和优先编码器。普通编码器在同一时间只能输入一个编码信号,一旦同时输入多个编号将出现混乱。优先编码器则允许同一时间输入两个以上信号,并进行优先级编码;如出现两个以上信号输入时,仅对具有最高优先级的信号进行处理。常见的 8 线-3 线编码器具有 8 个信号输入和 3 位二进制编码输出,10 线-4 线编码器则有 10 个信号输入和 4 位二进制编码输出。

74LS148 是常见的 8 线-3 线优先编码器集成电路,包括 TTL 和 CMOS 两种工艺,其芯片封装和真值表见第 1 章相关内容。74LS148 有 8 个信号输入端和 3 个二进制编码输出端,并设置了输入选通端 EI、输出选通端 EO,和优先标志端 GS,优先级别由高至低分别为 D7～D0。

当输入选通端 EI＝0 时,74LS148 工作;而当输入选通端 EI＝1 时,编码器为非工作状态,无论 8 个输入端为何状态,3 个输出端均输出高电平,优先标志端 GS 和输出使能端 EO 均为高电平。只有当 EI＝0,且至少有一个输入端 D7～D0 处于编码请求状态(逻辑 0)时,74LS148 处于工作状态,工作状态标志为 GS＝0,否则 GS＝1。因此,74LS148 的输入信号 D7～D0 和工作状态标志 GS 均为低电平有效。

当 8 个输入端 D7～D0 均无低电平信号输入且仅输入端 I0＝0(优先级别最低位)时,则 A2A1A0＝111,即输入条件不同但输出代码相同。此时根据 GS 状态进一步区分,若 GS＝0,则表示输出为有效编码;若 GS＝1,表示 8 个输入端均无低电平信号,则此时输出信号无效。例如,EI＝0 时,若输入 D3 为 0,且优先级比它高的输入 D4 和 D6 均为 1 时,输出代码为 100(低电平有效),其反码为 011;若输出 D0 单独为 0,则输出代码为 111(低电平有效),其反码为 000。因此,74LS148 的输出码按有效输入信号下标所对应二进制编码的反码输出。

3. 实验内容及步骤

(1) 使用 74LS148 设计的定长编码仿真电路如图 3.1 所示,连接好电路,并设置电源电压为 5 V。

(2) 单击 Multisim 仿真运行按钮。

(3) 分别调节 S1 的各个开关,模拟输入数据位,并观察并记录 LED 灯 A0,A1,A2,GS,EO 的亮灭情况,并将结果与真值表(图 1.32)进行对比,验证是否正确。

4. 实验结果

设置拨码开关 S1 状态,如图 3.1 所示。当 U1 的 D0~D7 通过开关 S1 接通高电平,1 有效;EI 通过开关 S1 断开,即 EI=0;此时,由于 EI=0,D0~D7=1,LED 灯 A0,A1,A2,GS 均不亮,EO 亮,表示输出端 EO 封锁。

设置拨码开关 S1 状态,如图 3.2 所示。当 U1 的 D0~D3,D5~D7,均通过开关 S1 接通高电平,1 有效;D4 通过开关 S1 断开,0 有效;EI 也通过开关 S1 断开,即 EI=0;此时 A2,GS 亮起,A0,A1,EO 不亮,即 A2=0,0 有效,表示输入信号 D4 的编码。切换开关 S1 的状态,使 EI=1,所有灯均不亮。

进一步,根据真值表(图 1.32)切换开关 S1 状态,记录实验数据,并分析实验现象。

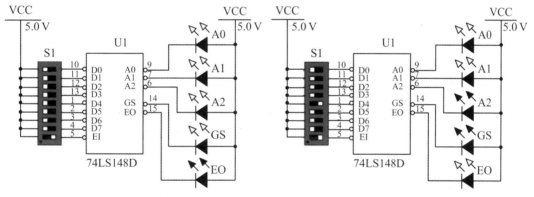

图 3.1　定长编码电路　　　　　图 3.2　编码电路实验结果

5. 实验思考

定长指令编码在设计上有何优势和缺陷?

3.1.2　变长指令编码电路

1. 实验目的

(1) 了解编码器工作原理及常用优先编码器的引脚功能。

(2) 掌握变长指令编码电路的仿真。

(3) 加深对变长指令编码等相关理论、概念的理解。

2. 实验原理

定长指令编码系统中操作码字段的位数和位置是固定的。假定指令系统共有 m 条指令,指令中操作码字段为 N 位,则有关系式:$N \geqslant \log_2 m$。定长指令编码利于简化硬件设计,减少译码的时间,但存在信息冗余,发挥不出操作码优化效能,如图 3.3 所示。操作码字段分散地放在指令字的不同位置上,且各字段位数不固定。

在定长指令字内使用多种长度的操作码,可提高编址效率,如图 3.4 所示。最常用的变长指令编码方式是扩展操作码法:操作数地址个数少的指令(如一或零地址指令)的操作码字段长些,操作数地址个数多的指令(如三地址指令)的操作码字段短些。变长指令编码提高了编码效率,减少了信息冗余;但是,操作码字段的位置和位数不固定将增加指令译码和分析的难度,使控制器的设计复杂化。

I_i	空白浪费	地址码
I_{imin}	空白浪费	地址码
I_{imax}		地址码

图 3.3　等长地址码

操作码		地址码	地址码
操作码	地址码	地址码	地址码
操作码			地址码

图 3.4　多种地址制

利用 74LS148 输入选通端 EI 的使能功能,能够实现不同长度的编码。当输入选通端 EI=0 时,该 74LS148 工作,该段码值参与编码;而当输入选通端 EI=1 时,该 74LS148 为非工作状态,该段码值无效。

3. 实验内容及步骤

(1) 使用 U1,U2 两片 74LS148 设计的 8 位/16 位变长编码器仿真电路如图 3.5 所示,连接好电路,并设置电源电压为 5 V。

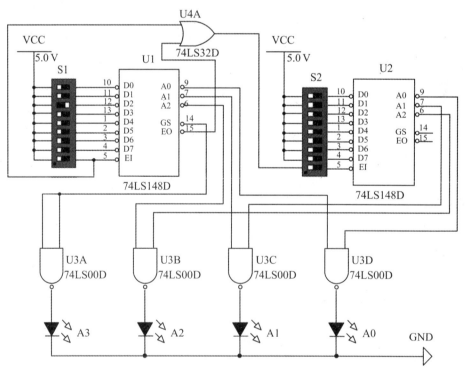

图 3.5　8 位/16 位变长编码器

(2) 单击 Multisim 仿真运行按钮。

(3) 分别调节 S1,S2 的各个开关,模拟输入数据位,并观察并记录 LED 灯 A0,A1,A2,

A3 的亮灭情况,并将结果与真值表(见图 1.32)进行对比,验证是否正确。

4. 实验结果

当 U1 的 EI 通过拨码开关 S1 接通 VCC 时,EI=1;当 U2 的 EI 通过拨码开关 S2 接通 VCC 时,EI=1;U1,U2 其余 D7~D0 口通过开关 S1,S2 拨码到 VCC 一侧时,或者断开 D7~D0 任一数据位时,灯 A3,A2,A1,A0 均不亮,所有编码器 U1,U2 均被封锁。实验结果如图 3.5 所示。

当 U1 的 EI 通过拨码开关 S1 断开 VCC 时,其余 D7~D0 口通过 S1 按指定编码接通 VCC(图 3.6 中 U1 的 D2 有效);U2 的 EI 通过开关 S2 接通,或者 U2 的 D7~D0 口通过 S2 拨码接通 VCC 时,编码器 U1,U2 工作,指定编码的灯亮。实验结果如图 3.6 所示。LED 灯 A3,A1 亮,表示 U1 的 D2 有效,结合 U1,U2 的编码,表示输入为第 10 个通道。U1 和 U2 构成 16 位编码,其中 U1 的 D7~D0 为高 8 位,U2 的 D7~D0 为低 8 位。可以尝试不同的开关组合,观察记录实验数据,并分析实验现象。

保持图 3.6 中的开关 S1 的所有状态,改变开关 S2 的 D1~D0 的状态,可以看到,即使开关 S2 的 D1~D0 状态全部为 0,输出结果也没有任何变化,即只有 LED 灯 A3,A1 亮,表示 D2 有效,结合 U2 的编码,表示输入为第 10 个通道。显然,此时开关 S2 的编码(EI 除外)被屏蔽,只有 S1 的 8 位编码有效,而 S2 的 8 位编码无效,说明该电路的编码长度可调。进一步地,通过开关 S1 和 S2 分别控制两个 EI 信号单独封锁 U1 或 U2,可以只引用 U1 或 U2 各自的 8 位输出信号,构成如图 3.1 所示的 8 位编码电路。另外,也可以添加逻辑电路完成 16 位/8 位两种工作模式的自动转换,从而完成 8 位/16 位变长编码。显然,变长指令编码的控制线路更为复杂,但是编码利用效率有所提高。

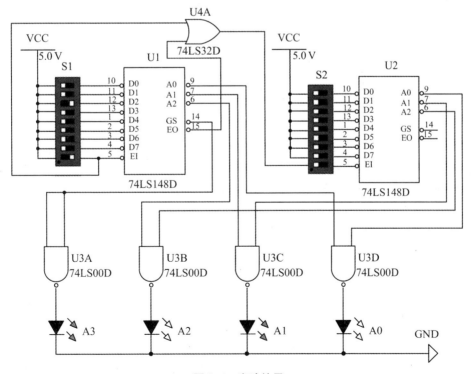

图 3.6　实验结果

5. 实验思考

变长指令编码在设计上有何优势和缺陷?

3.1.3 汇编指令编程

1. 实验目的

(1) 了解 8051 单片机的汇编指令功能及编程方法。

(2) 掌握 Multisim 对汇编语言进行仿真的方法。

(3) 加深对汇编指令编码等相关理论、概念的理解。

2. 实验原理

8051 单片微型计算机又称为单片机或微型控制器(Microcontroller Unit,MCU),在一片硅芯片上集成了 CPU,RAM,ROM,I/O 接口及中断系统,是微型计算机的重要代表,其芯片封装和真值表见第 1 章相关内容。

8051 使用了 7 种寻址方式,共有 111 条指令。按指令功能不同可分为 5 大类,即数据传送指令、算术运算指令、逻辑运算指令、控制转移指令和位操作指令。按指令字节不同可分为 3 大类,即 49 条单字节指令、46 条双字节指令、16 条 3 字节指令。按指令运算速度不同可分为 3 大类,即 64 条单周期指令、45 条双周期指令、2 条 4 周期指令。

8051 汇编指令使用 Rn(n=0~7)代表寄存器 R0~R7。使用 Direct 表示直接地址,包括内部数据区的地址 RAM(00H~7FH),特殊功能寄存器 SFR(80H~FFH),累加器 ACC,程序状态字寄存器 PSW,指令寄存器 IP,I/O 端口寄存器(P0,P1,P2,P3),中断允许控制寄存器 IE,串行口控制寄存器 SCON,定时/计数器的控制寄存器 TCON。使用 @Ri 表示间接地址,可寻址 Ri=R0 或 R1,8051/31RAM 地址(00H~7FH),或 8052/32RAM 地址(00H~FFH)。♯data 表示 8 位常数,♯data16 表示 16 位常数。Addr16 表示 16 位目标地址,Addr11 表示 11 位目标地址,Rel 表示相关地址,Bit 表示内部数据 RAM(20H~2FH)。

Multisim 中也引入了最常见的 8051/8052 单片机仿真模块,既支持汇编语言编程,也支持 C 语言编程。在运行暂停过程中,还可以在"MCU"菜单中观察单片机的存储空间位图,使得仿真手段更加灵活实用。

3. 实验内容及步骤

(1) 放置单片机。打开 Multisim,在菜单栏中单击"New"命令,新建一个电路窗口。在菜单中单击"Place",选择"MCU"→"805x"→"8051"。点击"OK"放置 8051,在图中放置好 8051 后会弹出窗口,如图 3.7 所示。单击"Browse"选择路径,或创建一个新的路径,本例中路径选择为"D:\MCU3_1_3\";在"Workspace name"可输入工作空间名称,在本例中输入"MCU3_1_3"。

单击"Next",弹出窗口,如图 3.8 所示。项目类型选择"Standard";本例中使用汇编语言,在"Programming Language"栏中选择"Assembly"汇编语言;"Project name"可以给本项目创建一个名称,本例使用"MCU3_1_3"。

单击"Next",弹出窗口,如图 3.9 所示。选择"Add source file"项,本例中编辑源文件名为"MCU3_1_3.asm"。单击"Finish"完成 MCU Wizard。

图 3.7　MCU Wizard Step1

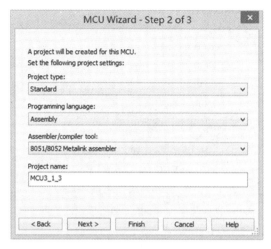

图 3.8　MCU Wizard Step2

（2）设置单片机参数。双击 8051，弹出窗口，修改"Clock speed"为 10 MHz，如图 3.10 所示，单击"OK"完成参数修改。

图 3.9　MCU Wizard Step3

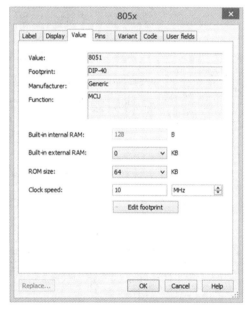

图 3.10　8051 参数设置

（3）如图 3.11 所示，连接好实验电路。

（4）输入代码。打开设计工具箱"Design Toolbox"，如图 3.12 所示，双击"MCU3_1_3. asm"，进入代码编辑界面。

在代码编辑界面输入以下代码：

```
ORG 00H
AJMP START
```

53

```
ORG 20H
START：
    MOV A，P1
    NOP
    NOP
    MOV P0，A
    AJMP START
END
```

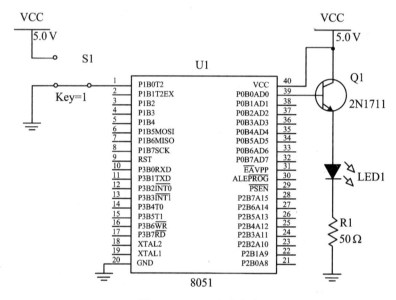

图 3.11　8051 实验电路

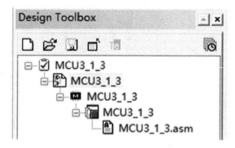

图 3.12　设计工具

（5）编译程序。代码输入后，点击菜单栏"MCU"，选择"MCU 8051 U1"中的"Build"完成编译，若出现错误则修改代码直至编译通过。

（6）运行程序。单击菜单"Simulate"下的"Run"或工具栏按钮，观察编译窗口最下栏"Results"，若出现错误则修改错误直至能够正常运行。

（7）返回电路图窗口，观察并记录单刀双掷开关 S1 在不同状态时，二极管 LED1 的工作情况。

4. 实验结果

当开关 S1 打到 GND 时,单击 Multisim 仿真按钮,可以看到 LED 并未点亮,如图 3.11 所示;当开关 S1 打到 VCC 时,二极管亮起,实验结果如图 3.13 所示。记录实验过程,并分析实验现象。

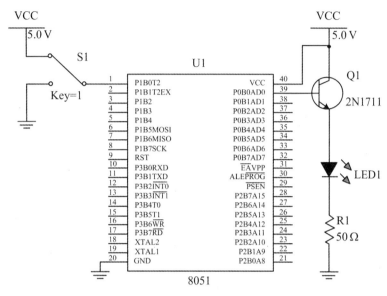

图 3.13　8051 实验结果图

5. 实验思考

汇编指令在微型计算机系统开发上有何优势和缺陷?

3.1.4　Huffman 编码

1. 实验目的

(1) 了解 Huffman 指令编码的基本方法。

(2) 掌握 C 语言对 Huffman 指令编码进行仿真的方法。

(3) 加深对 Huffman 指令编码等相关理论、概念的理解。

2. 实验原理

哈夫曼编码(Huffman Coding),是一种可变字长编码方法,1952 年由 Huffman 提出。其编码是根据字符出现的频率来进行编码,并保证编码的平均长度最短,因此也称为最佳编码。

1951 年,美国麻省理工大学(MIT)的导师范诺(Robert M. Fano)在信息论课程上给 David A. Huffman 及其同学布置了考察报告,题目是寻找最有效的二进制编码。由于 Huffman 无法对最有效的编码进行证明,只好放弃了研究现有编码技术,转而探索新的编码方法,因此提出了基于频率排序的二叉树编码方法,并证明了该方法确是最有效的。Huffman 使用自底向上的方法根据编码的使用频率构建二叉树,避免了 Shannon-Fano 自顶向下编码(即信息论创立者 Shannon 和 Huffman 的导师 Fano 提出的编码)的弊端。

1952 年,在麻省理工大学攻读博士的 Huffman 根据香农(Shannon)在 1948 年和范诺(Fano)在 1949 年提到的编码思想,发表了论文《一种构建极小多余编码的方法》,提出了一种不定长编码的方法,视为 Huffman 编码的正式诞生。

本实验数据如下:某模型机有 10 条指令 I1~I10,使用频度分别为 0.29,0.23,0.18,0.11,0.09,0.03,0.03,0.02,0.01,0.01。构造 Huffman 树和 Huffman 编码。

操作码的 Huffman 树如图 3.14 所示。

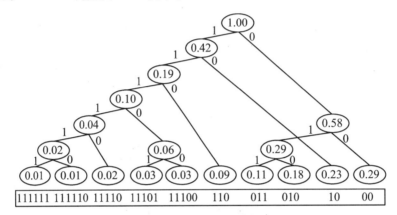

图 3.14　Huffman 树

操作码的 Huffman 编码如表 3.1 所示,此种编码的平均码长为

$$\sum_{i=1}^{10} (p_i \cdot l_i) = (0.29 + 0.23) \times 2 + (0.18 + 0.11 + 0.09) \times 3$$

$$+ (0.03 + 0.03 + 0.02) \times 5 + (0.01 + 0.01) \times 6 = 2.7$$

表 3.1　指令的 Huffman 编码

指令	指令使用频度 Pi	Huffman 编码	Huffman 码长 li	2-5 扩展码	2-5 扩展码码长 li	2-4 等长扩展码	2-4 扩展码码长 li
I1	0.29	00	2	00	2	00	2
I2	0.23	10	2	01	2	01	2
I3	0.18	010	3	10	2	1000	4
I4	0.11	011	3	11000	5	1001	4
I5	0.09	110	3	11001	5	1010	4
I6	0.03	11100	5	11010	5	1011	4
I7	0.03	11101	5	11011	5	1100	4
I8	0.02	11110	5	11100	5	1101	4
I9	0.01	111110	6	11101	5	1110	4
I10	0.01	111111	6	11110	5	1111	4

3. 实验内容及步骤

(1) 打开 C++编译系统,点击"新建",创建一个 C++源文件,如图 3.15 所示。保存文件名为 HuffmanCode.c 或 HuffmanCode.cpp,并选择保存位置,本例中放在"D:\Huff-

manCode"下,再点击"确定"按钮。

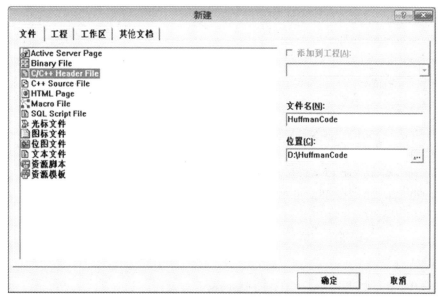

图 3.15 创建 C 语言源程序

图 3.15 创建 C 语言源程序

(2)在代码编辑界面输入以下代码。

```cpp
// HuffmanCode. cpp
#include<limits. h>
#include<stdio. h>
#include<stdlib. h>
#include<string. h>
#define InstructionNumber 10
typedef struct{
    int frequency,parent,leftchild,rightchild;
}Instruction, * InstructionCode;
typedef char * * Instruction_pointer;

void GetFrequency(int InstructionFrequency[])
{
    int i;double TempFrequency[11];
    printf("Please input instruction frequencies in ascending order:\n");
    for(i=0;i<InstructionNumber;i++)
    {
            scanf("%lf",&TempFrequency[i]);
            InstructionFrequency[i]=TempFrequency[i] * 100. 0;
    }
    InstructionFrequency[InstructionNumber-1]++;
    printf("Instructions:");
```

```
        for(i=0;i<InstructionNumber;i++)
            printf("I%-6d",i+1);
        printf("\nFrequencies:");
        for(i=0;i<InstructionNumber;i++)
            printf("%-7.2lf",TempFrequency[i]);
        printf("\n");
}


void BuildTree(InstructionCode *Node,int i,int *Node1,int *Node2)
{
    int j,InstructionFrequency,TempFrequency;
    InstructionFrequency=TempFrequency=INT_MAX;
    for(j=0;j<i;j++)
    {
        if(Node[0][j].parent==0)
        {
            if(InstructionFrequency<=TempFrequency)
            {
                if(Node[0][j].frequency<TempFrequency)
                {
                    TempFrequency=Node[0][j].frequency;
                    *Node2=j;
                }
            }
            else
            {
                if(Node[0][j].frequency<InstructionFrequency)
                {
                    InstructionFrequency=Node[0][j].frequency;
                    *Node1=j;
                }
            }

        }
    }
    if(*Node1>*Node2)
    {
        int Value=*Node2;*Node2=*Node1;*Node1=Value;
    }
}


void HuffmanCode(InstructionCode *OneNode,Instruction_pointer *OneInstruction,int *Frequency,int Total)
```

```
{
    InstructionCode InsCode；
    char ＊ TempNode＝（char＊）malloc（Total＊sizeof（char））；
    int m＝2＊Total－1,i,j,k,TempCode；
    double parent1,left1,right1；
    if（Total＜＝1）return；
    ＊OneNode＝InsCode＝（InstructionCode）malloc（sizeof（Instruction）＊m）；
    ＊OneInstruction＝（Instruction_pointer）malloc（sizeof（char＊）＊Total）；
    for（i＝0;i＜Total;i＋＋）
    {
        OneNode[0][i].leftchild＝OneNode[0][i].rightchild＝OneNode[0][i].parent＝0；
        OneNode[0][i].frequency＝Frequency[i]；
    }
    for（;i＜m;i＋＋）
OneNode[0][i].leftchild＝OneNode[0][i].rightchild＝OneNode[0][i].parent＝OneNode[0][i].frequency＝0；
    for（i＝Total;i＜m;i＋＋）
    {
        int Node1＝0；
        int Node2＝0；
        BuildTree（OneNode,i,&Node1,&Node2）；
        InsCode[Node1].parent＝InsCode[Node2].parent＝i；
        InsCode[i].leftchild＝Node1；
        InsCode[i].rightchild＝Node2；
        InsCode[i].frequency＝InsCode[Node1].frequency＋InsCode[Node2].frequency；
        parent1 ＝（double）InsCode[i].frequency,left1
                ＝（double）InsCode[Node1].frequency,right1＝（double）InsCode[Node2].frequency；
        printf（"    %.2lf ＋ %.2lf ＝ %.2lf\n",left1/100,right1/100,parent1/100）；
    }
    if（! TempNode||! （＊OneInstruction））exit（－1）；
    TempNode[Total－1]＝0；
    for（i＝0;i＜Total;i＋＋）
    {
        j＝Total－1；
        for（k＝i,TempCode＝InsCode[i].parent;TempCode;k
                ＝TempCode,TempCode＝InsCode[TempCode].parent）
            TempNode[－－j]＝（InsCode[TempCode].leftchild＝＝k ? '0' : '1'）；
        （＊OneInstruction）[i]＝（char＊）malloc（sizeof（char）＊（Total－j））；
        strcpy（（＊OneInstruction）[i],&TempNode[j]）；
    }
    free（TempNode）；
}
void main（）
```

```
{
    int InstructionFrequency[11];
    int i,j;
    InstructionCode Node;
    Instruction_pointer code;
    printf("======Virtual Simulation of Cmputer Architecture======\n");
    printf("==============Huffman coding experiment================\n");
    GetFrequency(InstructionFrequency);
        printf("The forming process of Huffman tree: \n");
    HuffmanCode(&Node,&code,InstructionFrequency,InstructionNumber);
    printf("Huffman Code:");
    for(i=0;i<InstructionNumber;i++)
    {
        printf("%s",code[i]);
        for(j=0;j<7-strlen(code[i]);j++)
        printf("%c",' ');
    }
    printf("\n");
}
```

（3）编译程序。代码输入后，点击菜单栏或工具栏中的"Compile"进行编译，若出现错误则修改代码直至编译通过。

（4）运行程序。编译成功后，单击菜单栏或工具栏中的"BuildExecute"运行所编程序。

（5）运行以后，可见如图 3.16 所示界面。在 DOS 命令框中输入：0.01，0.01，0.02，0.03，0.03，0.09，0.11，0.18，0.23，0.29。回车后，可以看到 Huffman 树的构造过程和编码结果。

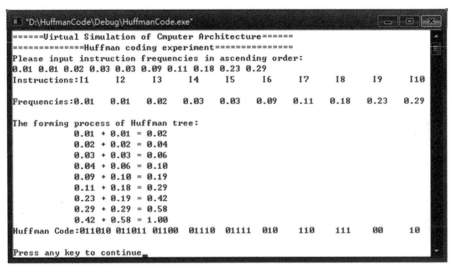

图 3.16　Huffman 编码结果

4. 实验结果

实验结果如图 3.16 所示。实际上,Huffman 编码具有最短的码距。但是,Huffman 编码结果并不唯一,对程序参数进行调整后可以得到不同的 Huffman 编码方案。

5. 实验思考

Huffman 编码在设计上有何特点?

3.2　习题与解答

【习题 3.1】 某机器指令格式如下,试分析指令格式的特点。

31	25	24	23	22	18	17	16	15	0
OP		...		源寄存器		变址寄存器		位移量	

解　指令格式及寻址方式特点如下:

(1) 单字长二地址指令;

(2) 操作码 OP 可指定 $2^{31-25+1}=2^7=128$ 条指令;

(3) RS 型指令,一个操作数在通用寄存器中($2^{22-18+1}=32$ 个寄存器之一),另一个操作数在存储器中(由变址寄存器和偏移量决定),变址寄存器可有 $2^{17-16+1}=4$ 个。

【习题 3.2】 假设寄存器 R 中的数值为 100H,地址为 100H、200H、300H 的存储单元中存储的数据分别为 300H、100H、200H,PC 的内容为 300H,问:在以下寻址方式中取得的操作数的值分别为多少?(1) 立即寻址♯200H;(2) 直接寻址 200H;(3) 寄存器寻址 R;(4) 寄存器间接寻址(R);(5) 存储器间接寻址(300H);(6) 相对寻址−100H(PC)。

解　(1) 立即寻址♯200H,指令中直接给出操作数,则取得操作数的值为 200H;

(2) 直接寻址 200H,操作数在地址为 200H 的内存中,已知地址为 200H 的存储器单元中存储的数据为 100H,则取得操作数的值为 100H;

(3) 寄存器寻址 R,取得的操作数的值为寄存器 R 中的数值,即为 100H;

(4) 寄存器间接寻址(R),操作数在存储器中,其地址为寄存器 R 中的数值,即地址为 100H,已知地址为 100H 的存储器单元中存储的数据为 300H,则取得操作数的值为 300H;

(5) 存储器间接寻址(300H),操作数在存储器中,其地址为存储器中地址为 300H 的存储单元的内容 200H,已知地址为 200H 的存储器单元中存储的数据为 100H,则取得操作数的值为 100H;

(6) 相对寻址−100H(PC),操作数在内存中,其地址为 PC 的值加−100H,即 300H−100H=200H,已知地址为 200H 的存储器单元中存储的数据为 100H,则取得操作数的值为 100H。

【习题 3.3】 某机器指令长度为 32 位,有 3 种指令:双操作数指令、单操作数指令、无操作数指令。设各操作数地址为 8 位,采用扩展操作码来设计指令,已知有双操作数指令 m 条,单操作数指令 n 条,问无操作数指令最多有多少条?

解　双操作数指令的操作码长度为 $32-8×2=16$ 位,因此,双操作数指令最多有 2^{16}

条,而已知双操作数指令为 m 条,则留有 $2^{16}-m$ 个编码用于扩展到单操作数指令。

单操作数指令的操作码长度为 $32-8=24$ 位,可扩展位为 $24-16=8$ 位,因此,单操作数指令最多有 $(2^{16}-m)\times 2^8$ 条,而已知单操作数指令为 n 条,则留有 $(2^{16}-m)\times 2^8-n$ 个编码用于扩展到无操作数指令。

无操作数指令的操作码长度为 32 位,可扩展位为 $32-24=8$ 位,因此,无操作数指令最多有 $[(2^{16}-m)\times 2^8-n]\times 2^8$ 条。

【习题 3.4】 某机器有变址寻址、间接寻址和相对寻址等寻址方式,设变址寄存器内容为 2000H,当前指令地址码为 0020H,PC 值为 0200H。已知存储器的部分地址及相应内容如表 3.2 所示。问在以下寻址方式中取得的操作数的值分别为多少?(1)变址寻址方式;(2)间接寻址方式;(3)相对寻址方式。

表 3.2 题设存储器内容

地址	0020H	0200H	0220H	2000H	2020H
内容	2000H	1234H	5678H	9ABCH	DEF0H

解 (1)变址寄存器内容为 2000H,当前指令地址码为 0020H,变址寻址的操作数在内存单元(2000H+0020H)=2020H 中,因此地址为 2020H 取得操作数的值为 DEF0H;

(2)间接寻址的当前指令地址码为 0020H,而地址为 0020H 中的内容为 2000H,该值就是操作数的地址,因此地址为 2000H 取得操作数的值为 9ABCH;

(3)相对寻址的 PC 值为 0200H,其地址为 PC 的值加当前指令地址码 0020H,即 0200H+0020H=0220H,地址为 0220H 取得操作数的值为 5678H。

【习题 3.5】 设机器字长、指令字长和存储单元的位数均为 32 位,若指令系统可完成 110 种操作,均为单操作数指令,且具有直接、间接(一次间接)、变址、基址、相对、立即 6 种寻址方式,如要保证直接寻址的最大范围,请设计指令格式? 分别计算可直接寻址和一次间接寻址的范围?

解 (1)操作码 7 位,可编码 $2^7=128>110$ 种指令;寻址方式 3 位,可编码 $2^3=8>6$ 种寻址方式;地址码 $32-7-3=22$ 位。

(2)可直接寻址的范围是 $2^{22}=4M$ 字,一次间接寻址的范围是 $2^{32}=4G$ 字。

【习题 3.6】 某机器字长为 64 位,主存容量为 64G 字,共有 60 条单字长单地址指令。若有直接寻址、间接寻址、变址寻址、相对寻址四种寻址方式,请设计指令格式。

解 操作码部分需要 6 位,最大可包含 $2^6=64>60$ 条指令。

寻址方式为 2 位,最大可表示 $2^2=4$ 种寻址方式。

地址码为 $64-6-2=56$ 位。

【习题 3.7】 某机器指令格式如下所示:

7	4	3	2	0
OP		I	A	

其中,I 为间址特征位(I=0 为直接寻址,I=1 为一次间接寻址),若主存部分单元内容如下:

地址号	00H	01H	02H	03H	04H	05H	06H	07H
内容	12H	34H	56H	78H	9AH	BCH	DEH	F0H

求下列指令的有效地址:(1) D2H;(2) D7H;(3) DEH;(4) DFH。

解 (1) 由 D2H=11010010B 可知,I=0 为直接寻址,有效地址 EA=A=010B(02H)。

(2) 由 D7H=11010111B 可知,I=0 为直接寻址,有效地址 EA=A=111B(07H)。

(3) 由 DEH=11011110B 可知,I=1 为间接寻址,A=110B(06H),有效地址 EA=DEH。

(4) 由 DFH=11011111B 可知,I=1 为间接寻址,A=111B(07H),有效地址 EA=F0H。

【习题3.8】 设 R_b,R_x,PC 分别表示基址寄存器、变址寄存器、程序计数器;E 为有效地址。某机器的 16 位单字长指令格式如下:

5 位	2 位	1 位	1 位	7 位
OP	MOD	I	X	A

其中,MOD 为寻址方式,00 为立即寻址,01 为基址寻址,10 为相对寻址,11 为绝对寻址;I 为间接特征位,I=0 为直接寻址,I=1 为间接寻址;X 为变址特征位,X=0 表示非变址寻址,X=1 表示变址寻址;A 为形式地址。问:(1) 该指令格式最多可定义几种指令?(2) 立即寻址时,操作数的范围多大?(3) 在非间接非变址寻址时,各寻址方式有效地址的表达式?(4) 设基址寄存器为 14 位,基址寻址的地址范围是多大?(5) 间接寻址的地址范围是多大?

解 (1) 长度为 5 位的操作码 OP,最多可定义 2^5=32 种指令。

(2) 立即寻址时,操作数的范围是 $-2^{7-1}\sim 2^{7-1}-1$,即$-64\sim 63$。

(3) 在非间接非变址寻址时,各寻址方式有效地址的表达式如下:

立即寻址的操作数=A;

基址寻址的有效地址 EA=(R_b)+A;

相对寻址的有效地址 EA=(PC)+A;

绝对寻址(直接寻址)的有效地址 EA=A。

(4) 已知 R_b 为 14 位,基址寻址的有效地址 EA=(R_b)+A,则地址范围是$(2^{14}-64)\sim(2^{14}+63)$。

(5) 间接寻址从 16 位宽的存储器读取数据,则地址范围是 2^{16}=64K 字。

【习题3.9】 某机器的指令字长为 32 位,有三地址、二地址指令、一地址指令和零地址指令四类指令,每个地址字段的长度为 8 位。问:(1) 若三地址指令有 15 条,二地址、一地址和零地址指令的条数基本相同,则二地址、一地址和零地址指令各有多少条?并分配操作码。(2) 若要求四类指令的比例大致为 1∶9∶9∶9,则四类指令各有多少条?并分配操作码。

解 通常根据指令寻址的个数来分配指令,按照寻址个数从少到多的顺序分配操作码,分别为三地址指令、双地址指令、单地址指令和零地址指令。

(1) 15 条三指令需要 4 位指令来区分,2^4=16>15,剩下的 32-4=28 位指令位数平均分给双地址、单地址和零地址指令,以保持各指令条数基本相同,则可用 8 或 9 位指令来区分每种指令,则各指令的条数为(注:操作码的分配方式不唯一,符合题意均可):

三地址指令 15 条,参考操作码:1111 0000～1111 1110;

二地址指令 2^8-1(255)条,参考操作码:1111 1111 0000 0000 ～ 1111 1111 1111 1110;

单地址指令 2^8-1(255)条,参考操作码:

1111 1111 1111 1111 0000 0000 ～ 1111 1111 1111 1111 1111 1110

零地址指令 $2^8=256$ 条,参考操作码:

1111 1111 1111 1111 1111 1111 0000 0000 ～1111 1111 1111 1111 1111 1111 1111 1111

(2) 由于 $2^8-1=255$,$255/9\approx28$ 条,因此,三地址指令可取 28 条,其余三种指令可各取 255 条左右。(注:操作码的分配方式不唯一,符合题意均可)

三地址指令 28 条,参考操作码:0000 0000～0001 1011;

二地址指令 2^8-1(255)条,参考操作码:1111 1111 0000 0000 ～ 1111 1111 1111 1110;

单地址指令 2^8-1(255)条,参考操作码:

1111 1111 1111 1111 0000 0000 ～ 1111 1111 1111 1111 1111 1110

零地址指令 2^8(256)条,参考操作码:

1111 1111 1111 1111 1111 1111 0000 0000 ～1111 1111 1111 1111 1111 1111 1111 1111

【习题 3.10】 某机器有 12 条指令,使用频率分别为:0.25,0.18,0.13,0.11,0.09,0.08,0.05,0.04,0.03,0.02,0.01,0.01。试分别用 Huffman 编码和扩展编码进行编码,且扩展编码只能有两种长度。计算它们的平均码长,并与定长操作码相比较。

解 操作码的 Huffman 树如图 3.17 所示:

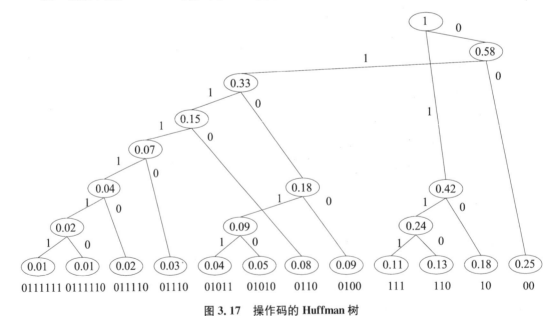

图 3.17 操作码的 Huffman 树

分别用 Huffman 编码、扩展编码(2-6 码)、定长操作码(4 位码)进行编码,如表 3.3 所示,且扩展编码只能有两种长度,并计算列出了三种编码的平均码长。

表 3.3 指令的三种编码

指令	指令使用频度 Pi	Huffman 编码	Huffman 码长 li	扩展码 (2-6 码)	扩展码码长 li	定长操作码	定长操作码长 li
I1	0.25	00	2	00	2	0000	4
I2	0.18	10	2	01	2	0001	4
I3	0.13	110	3	10	2	0010	4
I4	0.11	111	3	110000	6	0011	4
I5	0.09	0100	4	110001	6	0100	4
I6	0.08	0110	4	110010	6	0101	4
I7	0.05	01010	5	110011	6	0110	4
I8	0.04	01011	5	110100	6	0111	4
I9	0.03	01110	5	110101	6	1000	4
I10	0.02	011110	6	110111	6	1001	4
I11	0.01	0111110	7	111000	6	1010	4
I12	0.01	0111111	7	111001	6	1011	4
平均码长	—	—	3.12	—	3.76	—	4.00

第4章 中央处理器体系结构设计

4.1 仿 真 实 验

4.1.1 4位ALU组合逻辑模型机

1. 实验目的

(1) 了解4位算术逻辑器件的组合逻辑控制器设计的基本方法。

(2) 能够使用74LS181仿真基本的4位ALU功能。

(3) 加深对算术逻辑单元和运算器相关理论、概念的理解。

2. 实验原理

算术逻辑单元(Arithmetic Logical Unit,ALU)是中央处理器(Central Processing Unit,CPU)的执行单元和核心组成部分,基本结构通常是由与门或门构成的,能够完成二位元的算术运算,包括加、减、乘(一般不包括整数除法)、移位运算等。移位运算能够将一个字向左或向右移位,常可用于乘2或除2操作。在运算过程中,二进制通常都用补码的形式参与运算。

1946年,冯·诺伊曼小组为普林斯顿高等学习学院(Institute for Advanced Study,IAS)设计计算机,这台IAS计算机即是后来所有计算机的原型。冯·诺伊曼在论文中提到,计算机应当包括一些必需的部件(比如ALU)以完成基本的数学运算。

一个4位的74LS181能够完成4位ALU所需的基本运算功能,包括16种算术和逻辑运算,其芯片封装和真值表参考第1章相关内容。其中,74LS181的S3,S2,S1,S0端口为运算选择控制,决定该芯片执行哪一种操作。4位ALU中主要运用了74LS181的算术加法和减法功能(M=L),所对应的S3S2S1S0分别是1001B和0110B;基本的逻辑与、或、异或以及逻辑非运算功能(M=H),所对应的S3S2S1S0分别是1011B、1110B、0110B和0000B。

74LS181的M引脚为状态控制端,M=1为逻辑运算,M=0为算术运算。CN为最低位进位输入,即处理进入芯片前的进位值,CN=0表示有进位,CN=1表示无进位。CN4为本片产生的进位信号,CN4=0表示有进位,CN4=1表示无进位。A3A2A1A0为操作数A,引脚3为最高位;B3B2B1B0为操作数B,引脚3为最高位。F3F2F1F0为运算结果,F3为最高位。

例如:计算BH+6H。

仿真过程:这是4位有进位算术运算,可以通过74LS181外接开关的方式,对工作方式和输入数据进行开关控制,将控制端M接地,控制端CN接高电平。两组输入数据A和B可以使用开关模拟,由于BH的四位二进制数是1011B,6H的四位二进制数为0110B,所以可将开关按高低电平连接成 16 进制数 BH 和 6H。因为是加法，所以将开关 S3S2S1S0 设置成 1001B，于是就可得到输出结果 0BH＋06H＝11H。相关计算结果可参考表 4.1 所示。

表 4.1　74LS181 仿真 4 位 ALU 的逻辑算术功能

S3	S2	S1	S0	A	B	算术运算（M＝0）		逻辑运算（M＝1）
						CN＝1(无进位)	CN＝0(有进位)	
0	0	0	0	BH	6H	F＝(0)B	F＝(0)C	F＝(0)4
0	0	0	1	EH	EH	F＝(0)E	F＝(0)F	F＝(0)1
0	0	1	0	EH	2H	F＝(0)F	F＝(1)0	F＝(1)0
0	0	1	1	6H	6H	F＝(0)F	F＝(1)0	F＝(1)0
0	1	0	0	BH	6H	F＝(1)4	F＝(1)5	F＝(1)D
0	1	0	1	EH	EH	F＝(0)E	F＝(0)F	F＝(0)1
0	1	1	0	EH	2H	F＝(1)B	F＝(1)C	F＝(1)C
0	1	1	1	6H	6H	F＝(0)F	F＝(1)0	F＝(1)0
1	0	0	0	BH	6H	F＝(0)D	F＝(0)E	F＝(0)6
1	0	0	1	BH	6H	F＝(1)1	F＝(1)2	F＝(1)2
1	0	1	0	EH	2H	F＝(1)1	F＝(1)2	F＝(1)2
1	0	1	1	6H	6H	F＝(1)5	F＝(1)6	F＝(1)6
1	1	0	0	BH	6H	F＝(1)6	F＝(1)7	F＝(1)F
1	1	0	1	EH	EH	F＝(1)C	F＝(1)D	F＝(1)D
1	1	1	0	EH	2H	F＝(1)D	F＝(1)E	F＝(1)E
1	1	1	1	6H	6H	F＝(1)5	F＝(1)6	F＝(1)6

3. 实验内容及步骤

（1）连接电路图。按图 4.1 所示，布置好 74LS181 等元器件并进行连接，构成 ALU 器件仿真电路。U2 用于对进位标志反相以便观察。电路图中，拨码开关 S1 和 S2 模拟两个 4 位操作数 A，B 的输入，拨码开关 S3 控制 74LS181 的算术逻辑运算功能，相当于指令操作码。选择"Indicators"→"HEX_DISPLAY"→"DCD_HEX"放置 7 段数码管。

（2）设置开关 S1，S2，S3 的状态。

分别设置开关 S1 和 S2，输入两个四位二进制数 A3A2A1A0＝BH（分别由开关 S1 控制）和 B3B2B1B0＝6H（分别由开关 S2 控制），输入数据可由 U3，U4 观察。

对于加法，开关 S3 设置 74LS181 的控制信号 S3S2S1S0 的值为 1001B，即 09H，可在图 4.1 中用 U7 观察。由于算术运算前低位无进位，设置开关 S3 使 CN＝1，M＝0。

（3）不断调整开关 S1，S2，S3 的状态，对电路图按功能表 4.1 所示的 16 种算术运算和逻辑运算，验证逻辑运算功能和算术运算功能。

（4）记录实验结果，并分析实验数据。

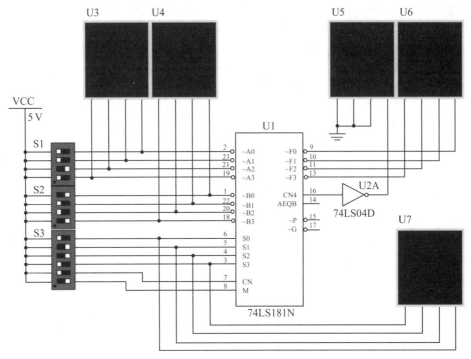

图 4.1   基本的 4 位 ALU 模型机仿真电路

4. 实验结果

图 4.2 为仿真 0BH＋06H＝11H 的结果。实验芯片内部的运算过程如下：

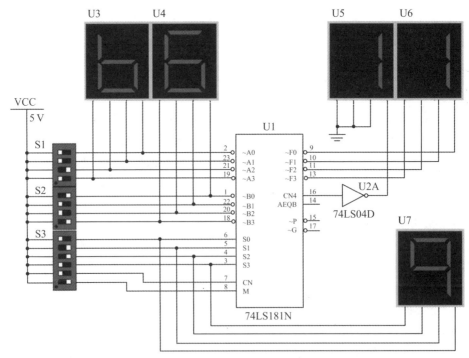

图 4.2   实验结果

（1）判断 CN 端是否有信号。若有，在低位端加 1；否则不加。

（2）分别计算 A0＋B0，A1＋B1，A2＋B2，A3＋B3，将结果分别通过 F0，F1，F2，F3 输出，计算结果可由 U5，U6 观察；并判断 A3＋B3 是否有进位，若有进位（CN4＝0），则 U5 显示为 1；否则 U5 显示为 0。

5. 实验思考

如何利用 74LS181 组成一个 8 位的算术逻辑单元？

4.1.2 8 位 ALU 组合逻辑模型机

1. 实验目的

（1）了解 8 位算术逻辑器件的组合逻辑控制器设计的基本方法。

（2）能够使用 74LS181 仿真基本的 8 位 ALU 功能。

（3）加深对算术逻辑单元和运算器相关理论、概念的理解。

2. 实验原理

8 位的算术逻辑单元（Arithmetic Logical Unit，ALU）是 8 位的中央处理器（Central Processing Unit，CPU）的执行单元和核心组成部分，8 位基本算术结构通常是由与门和或门构成的，能够完成包括 8 位的加、减、乘（一般不包括整数除法）、移位运算等。8 位移位运算能够将一个字节向左或向右移位，常用于乘 2 或除 2 操作。在运算过程中，二进制通常都用 8 位补码的形式参与运算。

使用两片 4 位的 74LS181 能够组成 8 位的 ALU 所需的基本运算功能，一片作为低位运算器，另一片作为高位运算器，可完成 16 种 8 位算术和逻辑运算，其芯片封装和真值表参考第 1 章相关内容。S3，S2，S1，S0 为运算选择控制，决定电路执行哪一种操作。8 位 ALU 中主要运用两片 74LS181 的算术加法和减法功能（M＝L），两片 74LS181 所对应的 S3S2S1S0 分别是 1001B 和 0110B；逻辑与、或、异或以及逻辑非运算功能（M＝H），所对应的 S3S2S1S0 分别是 1011B，1110B，0110B 和 0000B。

74LS181 的 M 引脚为状态控制端，M＝1 为逻辑运算，M＝0 为算术运算，两片 74LS181 的 M 引脚设置相同。低位的 74LS181 的 CN 作为整个算术逻辑器件的最低位进位输入，CN＝0 表示有进位，CN＝1 表示无进位。高位 74LS181 的 CN4 作为整个算术逻辑器件产生的进位输出信号，CN4＝0 表示有进位，CN4＝1 表示无进位。低位 74LS181 的 CN4 作为算术逻辑器件的低半字节辅助进位信号，并送入高位 74LS181 的 CN 位，CN4＝0 表示有进位，CN4＝1 表示无进位。两片 74LS181 的 A3A2A1A0 构成 8 位操作数 A，高位 74LS181 的引脚 A3 为最高位 A7；两片 74LS181 的 B3B2B1B0 构成 8 位运算数 B，高位 74LS181 的引脚 B3 为最高位 B7。低位 74LS181 的 F3F2F1F0 作为运算结果的低 4 位，F3 为最高位；高位 74LS181 的 F3F2F1F0 作为运算结果的高 4 位，F3 为最高位 F7。

例如：计算 8BH＋A6H＝？

仿真过程：这是 8 位有进位算术运算，可以通过两片 74LS181 外接开关的方式，对工作方式和输入数据进行开关控制，将控制端 M 接地，控制端 CN 接高电平。输入数据 A 和 B 可以使用开关模拟，由于 8BH 的 4 位二进制数是 1000 1011B，A6H 的 4 位二进制数为 1010 0110B，所以可将开关按高低电平连接成 16 进制数 8BH 和 A6H。因为是加法，所以将开关

S3S2S1S0 设置成 1001B,于是就可得到输出结果 8BH＋A6H＝131H。相关计算结果可参考表 4.2 所示。

表 4.2 两块 74LS181 仿真 8 位 ALU 的逻辑算术功能

S3	S2	S1	S0	A	B	算术运算(M=0)		逻辑运算(M=1)
						CN=1(无进位)	CN=0(有进位)	
0	0	0	0	1EH	26H	F=1E	F=1F	F=E1
0	0	0	1	1EH	26H	F=3E	F=3F	F=C1
0	0	1	0	1EH	26H	F=DF	F=E0	F=20
0	0	1	1	1EH	26H	F=FF	F=00	F=00
0	1	0	0	1EH	26H	F=36	F=37	F=F9
0	1	0	1	8BH	A6H	F=B8	F=B9	F=59
0	1	1	0	8BH	A6H	F=E4	F=E5	F=2D
0	1	1	1	8BH	A6H	F=08	F=09	F=09
1	0	0	0	8BH	A6H	F=0D	F=0E	F=F6
1	0	0	1	8BH	A6H	F=31	F=32	F=D2
1	0	1	0	43H	58H	F=27	F=28	F=58
1	0	1	1	43H	58H	F=3F	F=40	F=40
1	1	0	0	43H	58H	F=86	F=87	F=FF
1	1	0	1	43H	58H	F=9E	F=9F	F=E7
1	1	1	0	43H	58H	F=2A	F=2B	F=5B
1	1	1	1	43H	58H	F=42	F=43	F=43

3. 实验内容及步骤

(1) 连接电路图。按图 4.3 所示,放置好元器件并进行连接,由两片 74LS181 构成 8 位 ALU 器件仿真电路,其中 U1 为低 4 位,U2 为高 4 位。电路图中,拨码开关 S1 和 S2 模拟两个 8 位操作数 A,B 输入,开关 S3 控制两片 74LS181 的算术逻辑运算功能,相当于指令操作码。在电路图中放置两条总线,分别命名为 InBus,OutBus,并将各引脚连接至相应总线。选择"Indicators"→"HEX_DISPLAY"→"DCD_HEX"放置 7 段数码管。

(2) 设置开关 S1,S2,S3 的状态。设置开关 S1 和 S2,分别输入两个 8 位二进制数 A7A6A5A4 A3A2A1A0＝8BH(分别由开关 S1 控制),可由图中 U3,U4 观察;并设置 B7B6B5B4 B3B2B1B0＝A6H(分别由开关 S2 控制),可由图中 U5,U6 观察。

对于加法,由开关 S3 设置两片 74LS181 的控制信号 S3S2S1S0 的值均为 1001B,即 09H。由于是带进位的算术运算,设置开关 S3 使两片 74LS181 的 M＝0。低位运算器 U1 由于算术运算前低位无进位,其 CN＝1;高位运算器 U2 的 CN 来自低位运算器 U1 的 CN4 信号。

（3）不断调整开关 S1，S2，S3 的状态，对照电路图按功能表 4.2 所示的 16 种算术运算和逻辑运算，验证 8 位逻辑运算功能和算术运算功能。

（4）记录实验结果，并分析实验数据。

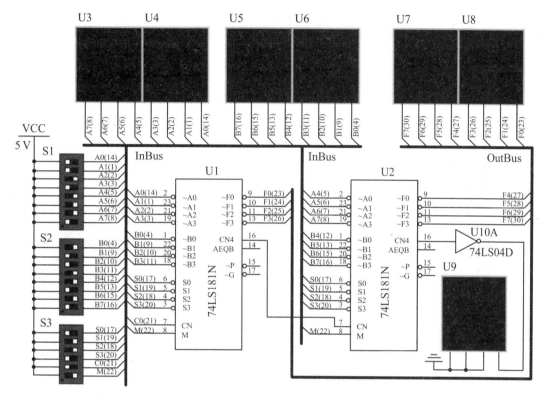

图 4.3　基本的 8 位 ALU 模型机仿真电路

4. 实验结果

图 4.4 为仿真 8BH＋A6H＝131H 的结果。实验芯片内部的运算过程如下：

（1）判断低位 ALU 的 CN 端是否有信号。若有，在低位端加 1；否则不加。

（2）分别计算 A0＋B0，A1＋B1，A2＋B2，A3＋B3，A4＋B4，A5＋B5，A6＋B6，A7＋B7，将结果通过两片 74LS181 的 F0，F1，F2，F3 分别输出，可由图中 U7，U8 观察；并判断 A7＋B7 的结果（高位 74LS181 模块 U2 的 F3 位）是否有进位；若有进位，高位 U2 的 CN4＝0，则 U9 显示为 1；否则 U9 显示为 0。

（3）进一步地，对照表 4.2 中的电路功能设置开关状态，分析实验结果是否正确。

5. 实验思考

如何利用 74LS181 组成一个 16 位的算术逻辑单元？

4.1.3　4 位 CPU 组合逻辑模型机

1. 实验目的

（1）了解 4 位中央处理器的组合逻辑控制器设计的基本方法。

（2）能够使用 74LS181 和寄存器组仿真基本的 4 位 CPU 功能。

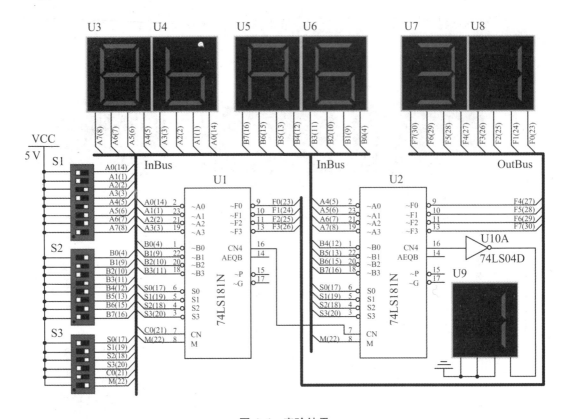

图 4.4　实验结果

（3）加深对中央处理器和组合逻辑控制器设计相关理论、概念的理解。

2. 实验原理

在第 4.1.1 节实验的基础上增加必要的寄存器和控制器，可以进一步构成功能更齐全的 4 位中央处理器（CPU）模型机。4 位中央处理器最主要部件是 4 位运算器、寄存器、控制器，其以算术逻辑单元（ALU）为核心。由累加器、状态寄存器、通用寄存器组等组成。4 位算术逻辑运算单元模型机见第 4.1.1 节的相关内容，其基本功能包括 4 位加、减、乘运算（M＝L），与、或、非、异或等逻辑操作（M＝H），以及移位、求补等操作。基本的中央处理器结构更为复杂，除了第 4.1.1 节所述的运算器和算术逻辑单元外，还需要增加控制器和寄存器组，并要考虑不同部件的时序信号协调和控制。在中央处理器运行时，各部件的操作内容和操作种类都取决于控制器，运算器所需处理的数据读取自存储器，运算器计算后的结果需要写回存储器，有时也暂存于运算器中。

例如：计算 BH＋6H。

仿真过程：这是 4 位有进位算术运算，可以通过 74LS181 外接开关的方式，对工作方式和输入数据进行开关控制，将控制端 M 接地，控制端 CN 接高电平。A 和 B 的输入数据可以使用开关模拟，由于 BH 的四位二进制数是 1011B，6H 的四位二进制数为 0110B，所以可将开关按高低电平连接成 16 进制数 BH 和 6H。因为是加法，所以将开关 S3S2S1S0 设置成 1001B，于是就可得到输出结果 0BH＋06H＝11H。74LS181 仿真 4 位 ALU 的逻辑算术功能如表 4.1 所示。

可用若干个 74LS244 模块作为运算器输入和输出暂存寄存器;用 74LS273 模块作为通用寄存器组;用 1 块 74LS181 模块组成 4 位算术逻辑单元,作为 CPU 模型机核心模块。各模块芯片封装和真值表参考第 1 章相关内容。

74LS244 为 3 态 4 位缓冲器,没有锁存的功能,非常适合用于总线驱动器和工作寄存器。当门极控制信号 ~G 为高电平时,输出为高阻态;当门极控制信号 ~G 为低电平时,可将输入信号 A 在输出端 Y 相应输出。74LS244 功能上相当于一个暂存器,能够根据门极控制信号 ~G 的状态,将数据总线上信号暂存起来。

74LS273 是一种带清除功能的 8D 触发器,可用作 8 位数据/地址锁存器和 8 位通用寄存器,此处可用于两组 4 位操作数 A,B 的寄存器。~CLR 脚是复位端,CLK 脚是时钟(脉冲)输入端。当 ~CLR 端口为低电平(L)时,无论有无时钟信号 CLK,数据端(D 端)电平如何,输出端(Q 端)始终为低电平。仅当 ~CLR 端口为高电平(H)时,数据端(D 端)的数据在脉冲 CLK 的上升沿发送到输出端(Q 端)。

3. 实验内容及步骤

(1) 连接如图 4.5 所示的 4 位 CPU 模型机电路图。用 3 个 74LS244 模块 U1A,U1B,U10A 作为运算器的输入和输出暂存寄存器;用 1 个 74LS273 模块 U2 作为两组 4 位通用寄存器;用 1 块 74LS181 模块 U3 组成 4 位运算器,作为 4 位 CPU 模型机核心运算器模块。在电路图中放置三条总线,分别命名为 InBus,ALUBus,OutBus,并将各引脚连接至相应总线。选择"Indicators"→"HEX_DISPLAY"→"DCD_HEX"布置 7 段数码管。

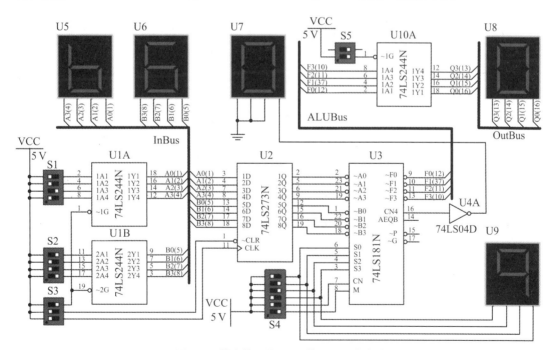

图 4.5　基本的 4 位 CPU 模型机仿真电路

该模型机电路图使用众多的开关作为控制电平或打入脉冲。开关 S1,S2 分别用于产生所需的 A,B 组操作数,相当于输入设备;开关 S3,S5 用于产生各种寄存器、锁存器控制信号,相当于控制器,能够提供工作脉冲控制各寄存器和锁存器的同步工作;开关 S4 用于控制运算器,即 74LS181 的不同工作方式,相当于指令操作码。

电路中使用了众多的 8 段数码管显示相应位置的数据信息。其中,U5,U6 用于观察输入总线数据;U7,U8 用于观察 ALU 运算输出结果;U9 用于观察运算器的工作状态。

(2) 设置开关 S1,S2,S3,S4,S5 的状态。

设置开关 S1 和 S2 的状态,分别输入两个 4 位二进制数 A3A2A1A0=BH(分别由开关 S1 控制)和 B3B2B1B0=6H(分别由开关 S2 控制),分别如图 4.5 所示,在数码管 U5,U6 上可以观察到两组输入数据显示。

设置开关 S3 的状态,为两组 74LS244(U1A,U1B)提供~G 复位置位操作(低电平有效)。

设置开关 S5 的状态,为 1 组 74LS244(U10A)提供~G 复位置位操作(低电平有效)。

对于加法,由开关 S4 设置 74LS181 的控制信号 S3S2S1S0 的值为 1001B,即 09H,由于算术运算前低位无进位,进位 CN=1,M=0。所得结果如图 4.5 所示,U9 为 74LS181 的工作状态,数码管 U7,U8 暂无信息显示。

(3) 拨动开关 S3 相应 CLK 开关位,为寄存器 U2 提供 CLK 时钟脉冲信号。之后,S2 产生的时钟信号上升沿被 74LS273 模块 U2 捕捉,该组块在时钟上升沿有效信号进行锁存操作。此后,74LS273 锁存的数据发送给 74LS181 模块 U3,进行 4 位逻辑运算和算术运算,可得到计算结果 11H,并输出到 U7(进位信号),U8(结果值)。

(4) 不断调整开关 S1~S5 的状态,对照电路图按功能表 4.1 所示的 16 种算术运算和逻辑运算,验证逻辑运算功能和算术运算功能。

(5) 记录实验结果,并分析实验数据。

4. 实验结果

图 4.6 为仿真 BH+6H=11H 的结果。4 位 74LS181 的内部运算过程如下:

(1) 判断 CN 端是否有信号。若有,在低位端加 1;否则不加。

(2) 分别计算 A0+B0,A1+B1,A2+B2,A3+B3,将结果通过 F0,F1,F2,F3 输出,并判断 A3+B3 是否有进位。若低 4 位运算有进位,则 CN4 为 0,在 U7 可以观察到进位值 1;否则 CN4 为 1,在 U7 观察到进位值 0。

(3) 进一步地,对照表 4.1 中的电路功能设置开关状态,观察实验结果是否正确。

5. 实验思考

如何利用 74LS181 组成一个 8 位的 CPU 单元?

4.1.4 8 位 CPU 组合逻辑模型机

1. 实验目的

(1) 了解 8 位中央处理器的组合逻辑控制器设计的基本方法。

(2) 能够使用 74LS181 和寄存器组仿真基本的 8 位 CPU 功能。

(3) 加深对中央处理器和组合逻辑控制器设计相关理论、概念的理解。

2. 实验原理

在第 4.1.2 节和第 4.1.3 节实验的基础上可以进一步构成功能更齐全的 8 位中央处理

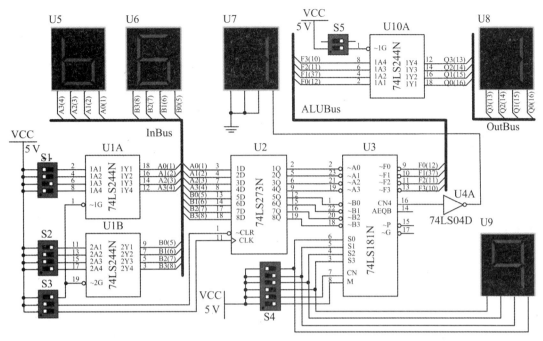

图 4.6　实验结果

器(CPU)模型机。8 位中央处理器最主要部件是 8 位运算器、控制器、寄存器,其以 8 位算术逻辑单元(ALU)为核心,由 8 位累加器、状态寄存器、通用寄存器组等组成。8 位 ALU 模型机见第 4.1.2 节的相关内容,其基本功能包括 8 位加、减、乘运算(M=L),与、或、非、异或等逻辑操作(M=H),以及移位、求补等操作。基本的 8 位中央处理器结构更为复杂,除了第 4.1.2 节所述的 8 位运算器和算术逻辑单元外,还需要控制器和 8 位寄存器,并要考虑不同部件的时序信号协调和控制。在运算器运行时,各部件的操作内容和操作种类取决于控制器,运算器所需处理的数据读取自 8 位存储器,运算器计算后的结果需要写回存储器,有时也暂存于运算器中。

例如:计算 8BH+A6H。

仿真过程:这是 8 位有进位算术运算,可以通过两块 74LS181 外接开关的方式,对工作方式和输入数据进行开关控制,将控制端 M 接地,控制端 CN 接高电平。输入 8 位操作数 A 和 B 可以使用开关模拟,由于 8BH 的 4 位二进制数是 1000 1011B,A6H 的 4 位二进制数为 1010 0110B,所以可将开关按高低电平连接成 16 进制数 8BH 和 A6H。因为是加法,所以将开关 S3S2S1S0 设置成 1001B,于是就可得到输出结果 8BH+A6H=131H。两块 74LS181 仿真 8 位 CPU 的逻辑算术功能如表 4.2 所示。

可用若干个 74LS244 模块作为运算器的 8 位输入和输出暂存寄存器;用两块 74LS273 模块作为两组 8 位通用寄存器;用两块 74LS181 模块组成一个 8 位算术逻辑单元,作为 8 位 CPU 模型机核心模块。各模块芯片封装和真值表见第 1 章相关内容。

3. 实验内容及步骤

(1) 在 Multisim 画出如图 4.7 所示电路原理图。用 6 个 74LS244 模块 U1A,U1B,

U2A,U2B,U7A,U7B 作为运算器输入和输出暂存寄存器;用两个 74LS273 模块 U3,U4 作为通用寄存器组;用两块 74LS181 模块 U5,U6 组成一个 8 位运算器,作为 CPU 模型机核心模块,其中 U5 为低 4 位运算器,U6 为高 4 位运算器。在电路图中放置三条总线,分别命名为 InBus,ALUBus,OutBus,并将各引脚连接至相应总线。选择"Indicators"→"HEX_DIS-PLAY"→"DCD_HEX"放置 7 段数码管。

该模型机原路图使用众多的开关作为控制电平或打入脉冲。开关 S1,S2 分别用于产生所需的 A,B 组 8 位操作数和门控制信号,相当于输入设备;开关 S3,S4 用于产生各种控制信号,相当于控制器;S3 能够产生时钟脉冲控制各寄存器和锁存器的同步工作,开关 S4 用于控制运算器,即两块 74LS181 的工作方式,相当于指令操作码。

电路中使用了众多的 8 段数码管显示相应位置的数据信息。其中,U9,U10,U11,U12 用于观察输入总线 8 位数据 A,B;U13,U14,U15,U16 用于观察 ALU 的 8 位运算数据;U17,U18,U19 用于观察运算输出结果,其中 U19 为进位值输出。

(2) 设置开关 S1,S2,S3,S4 的状态。

设置开关 S1,S2 的状态,分别输入两个 8 位二进制数 A7A6A5A4 A3A2A1A0＝8BH (分别由开关 S1 控制);并设置 B7B6B5B4 B3B2B1B0＝A6H(分别由开关 S2 控制)。所得结果如图 4.7 所示,在数码管 U9,U10,U11,U12 上可以观察到两组输入数据,其他数码管暂无信息显示。

设置开关 S3 的状态,为 4 组 74LS244(U1A,U1B,U2A,U2B)提供～G 复位置位操作(低电平有效)。

对于加法,由开关 S4 设置 74LS181 的控制信号 S3S2S1S0 的值为 1001B,即 09H;由于算术运算前低位无进位,设置开关 S4 的状态,控制两块 74LS181 的操作模式 M＝0,低位 74LS181 模块 U5 的进位 CN＝1。分别如图 4.7 所示。

(3) 拨动开关 S3 相应 CLK 开关位,分别为 U3,U4 提供 CLK 时钟脉冲信号。之后,S3 产生的时钟信号上升沿被两块 74LS273 模块 U3,U4 所捕捉,对该两组块在时钟上升沿有效信号进行锁存操作。再之后,两组 74LS273 锁存的数据发送给两组 74LS181 模块 U5,U6,进行逻辑运算和算术运算,可得到计算结果 131H,并输出到 U17,U18(结果值)和 U19(进位信号)。

(4) 不断切换开关 S1～S4 的状态,对电路图按功能表 4.2 所示的 16 种算术运算和逻辑运算,验证逻辑运算功能和算术运算功能。

(5) 记录实验结果,并分析实验数据。

4. 实验结果

图 4.8 为仿真 8BH＋A6H＝131H 的结果。实验芯片内部的运算过程如下:

(1) 判断 CN 端是否有信号。若有,在低位端加 1;否则不加。

(2) 分别计算 A0＋B0,A1＋B1,A2＋B2,A3＋B3,A4＋B4,A5＋B5,A6＋B6,A7＋B7,将结果通过两组 74LS181 的 F0,F1,F2,F3 输出,如图中 U17,U18 所示;并判断 A7＋B7 的结果(高位 74LS181 的 F3 位)是否有进位;若有进位,则 U6 的 CN4＝0,则 U19 显示为 1;否则 U19 显示为 0。

(3) 进一步地,对照表 4.2 中的电路功能设置开关状态,分析实验结果是否正确。

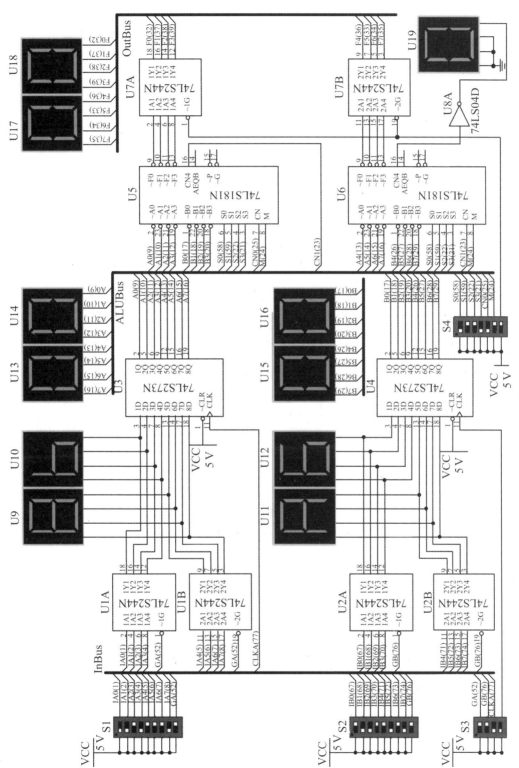

图 4.7 基本的 8 位 CPU 模型机仿真电路

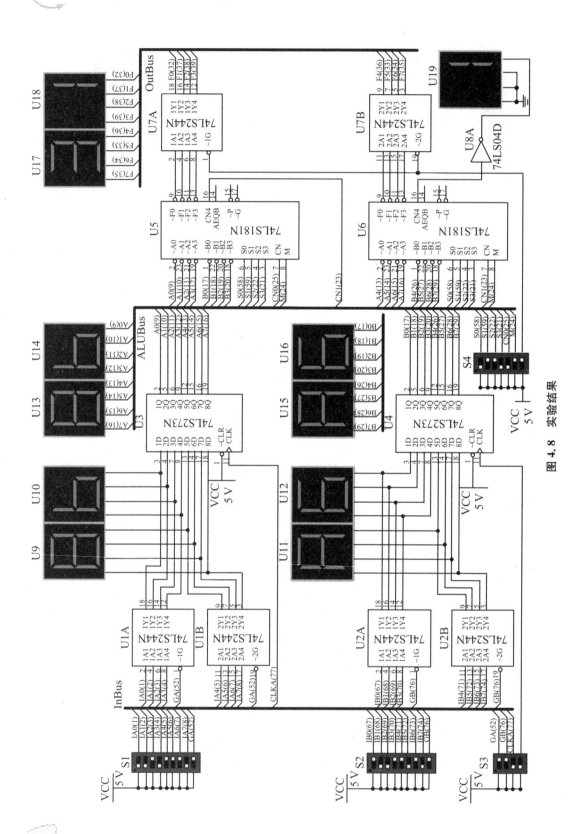

图 4.8 实验结果

5. 实验思考

如何利用 74LS181 组成一个 16 位的 CPU 单元?

4.1.5 可移位的 CPU 组合逻辑模型机

1. 实验目的

(1) 了解可移位的中央处理器的组合逻辑控制器设计的基本方法。

(2) 能够使用 74LS194 和寄存器组仿真基本的 CPU 移位功能。

(3) 加深对中央处理器相关理论、概念的理解。

2. 实验原理

在第 4.1.3 节实验的基础上,结合 74LS194 还可以进一步构成具有移位功能的 4 位中央处理器(CPU)模型机。4 位可移位的中央处理器最主要部件是 4 位运算器、控制器、双向移位寄存器,其以 4 位算术逻辑单元(ALU)为核心,由 4 位累加器、状态寄存器、通用寄存器组、双向移位寄存器等组成。4 位 CPU 模型机见第 4.1.3 节的相关内容,其基本功能包括 4 位加、减、乘运算(M=L),与、或、非、异或等逻辑操作(M=H),以及移位、求补等操作。可移位的 4 位中央处理器功能更齐全,能够完成乘、除运算,但是结构也更为复杂,除了第 4.1.3 节所述的部件以外,还需要移位寄存器并考虑不同部件的时序信号协调和控制。在运算器运行时,各部件的操作内容和操作种类取决于控制器,运算器所需处理的数据读取自 4 位存储器,运算器计算后的结果需要写回存储器,有时也暂存于运算器中,所有部件共同组成了 4 位可移位中央处理器模型机的核心部分。

例如:计算(BH+6H)×2。

仿真过程:这是带乘法的 4 位有进位算术运算,可以通过 74LS181 外接开关的方式,对工作方式和输入数据进行开关控制,将控制端 M 接地,控制端 CN 接高电平。A 和 B 的输入操作数可以使用开关模拟,由于 BH 的 4 位二进制数是 1011B,6H 的 4 位二进制数为 0110B,所以可将开关按高低电平连接成 16 进制数 BH 和 6H。因为是加法,所以将开关 S3S2S1S0 设置成 1001B,于是就可得到输出结果 0BH+06H=11H。74LS181 仿真 4 位 ALU 的逻辑算术功能如表 4.1 所示。乘法操作可通过 74LS194 的左移来实现。可用若干个 74LS244 模块作为运算器输入和输出暂存寄存器;用 74LS273 模块作为通用寄存器组;用 1 块 74LS181 模块组成 4 位算术逻辑单元,作为 CPU 模型机核心模块。各模块芯片封装和真值表参考第 1 章相关内容。

74S194 是一个 4 位双向移位寄存器,能在移位脉冲作用下将寄存器中内容进行左移或右移操作,最高时钟脉冲为 36 MHz。其中,A,B,C,D 为并行输入端,QA,QB,QC,QD 为并行输出端,SL 为左移串引输入端,SR 为右移串引输入端,S1,S0 为操作模式控制端,~CLR 为直接无条件清零端,CLK 为时钟脉冲输入端。若把移位寄存器的输出端反馈接入到串行输入端,还可以构成循环移位寄存器。

3. 实验内容及步骤

(1) 在 Multisim 上画出如图 4.9 所示的电路原理图。用 2 个 74LS244 模块 U1A,U1B 作为运算器输入暂存寄存器;用 1 个 74LS273 模块 U2 作为通用寄存器组;用 1 块 74LS181 模块 U3 组成一个 4 位运算器作为 CPU 模型机核心模块;反相器 U4 和数码管 U9 用于进位信号显示;用2块74LS194模块U5,U6构成8位双向移位器;数码管U7,U8用于显示两组输入数据;U10用于显示输出结果。在电路图中放置两条总线,分别命名为InBus,ALUBus,并将各引脚连接至相应总线。选择"Indicators"→"HEX_DISPLAY"→"DCD_HEX"布置7段数码管。

该模型机电路图使用众多的开关作为控制电平或打入脉冲。开关S1,S2分别用于产生所需的A,B组4位操作数,相当于输入设备;开关S3,S4,S5用于产生各种控制信号,相当于控制器;S3,S5能够产生时钟脉冲控制各寄存器和锁存器的同步工作,开关S4用于控制运算器74LS181的工作方式,相当于指令操作码。

(2) 设置开关S1,S2,S3,S4,S5的状态。

设置开关S1,S2的状态,分别输入两个4位二进制数A3A2A1A0=BH(分别由开关S1控制)和B3B2B1B0=6H(分别由开关S2控制),如图4.9所示,在数码管U7,U8上可以观察到两组输入数据显示。其他数码管暂无信息显示。

设置开关S3的状态,为两组74LS244(U1A,U1B)提供～G复位置位操作(低电平有效)。

设置开关S4的状态,对于加法,由于算术运算前低位无进位,控制74LS181的操作模式S3S2S1S0=1001B,即09H,M=0,CN=1。

设置开关S5全部为高电平,～CLR=1,S1S0=11B,如图1.37所示,可知为数据保持操作,不进行移位。

(3) 拨动开关S3相应CLK开关位,为U2提供CLK时钟脉冲信号。之后,S3产生的时钟信号上升沿被74LS273模块U2所捕捉,该组块在时钟上升沿有效信号进行锁存操作。再之后,将74LS273锁存的数据发送给74LS181模块U3,进行逻辑运算和算术运算,可得到计算结果11H。之后,拨动开关S5相应CLK开关位,为U5,U6提供CLK信号,可将U3的计算结果输出到U9(进位信号),U10(结果值)。实验结果如图4.9所示。

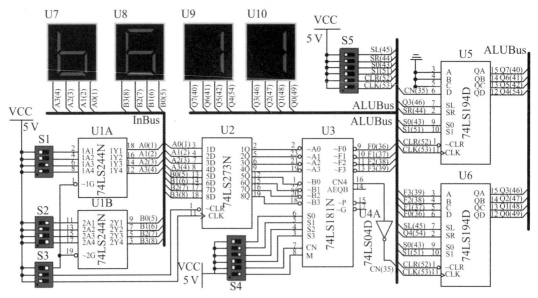

图4.9　可移位的CPU模型机仿真电路

（4）设置开关 S5 相应开关位，74LS194 提供左移功能，即 SL＝0，S0＝0，如图 4.10 所示。再次拨动开关 S5 相应 CLK 开关位，为 U5，U6 提供 CLK 时钟脉冲信号，当 U5，U6 接收到该时钟脉冲信号后，对进位位和数值位进行左移操作，得到计算结果 22H。每拨动 CLK 开关 1 次，则 U5，U6 同时对数据左移 1 次，从 U9，U10 能够看到数据结果由 11H 依次变为 22H，44H，88H，10H，20H，40H，80H，00H，如图 4.10 所示。

（5）不断切换开关 S1~S5 的状态，还能够实现右移。对电路图按功能表 4.1 所示的其他算术运算和逻辑运算结果，验证算术逻辑运算功能和移位运算功能。

（6）记录实验结果，并分析实验数据。

4. 实验结果

图 4.10 为仿真（BH＋6H）×2＝22H 的结果。4 位 74LS181 的内部运算过程如下：

（1）判断 CN 端是否有信号。若有，在低位端加 1；否则不加。

（2）分别计算 A0＋B0，A1＋B1，A2＋B2，A3＋B3，将结果通过 F0，F1，F2，F3 输出，并判断 A3＋B3 是否有进位。若低 4 位运算有进位，则 CN4 为 0，在 U9 可以观察到进位值 1；否则 CN4 为 1，在 U9 观察到进位值 0。BH＋6H＝11H 的实验结果如图 4.9 所示。

（3）进一步地，拨动 S5 的开关状态对数据进行左移，（BH＋6H）×2＝22H，即十进制数 34，结果如图 4.10 所示。继续拨动 S5 的 CLK 位，观察实验结果是否正确。

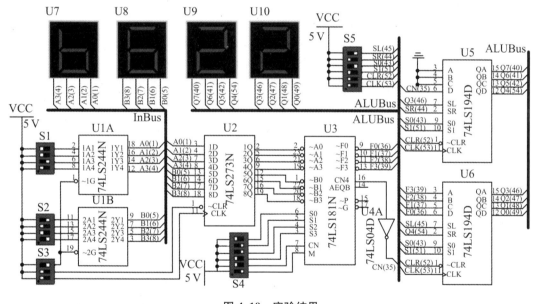

图 4.10　实验结果

5. 实验思考

如何利用 74LS194 组成一个 8 位可移位的 CPU 模型机？

4.1.6　8位CPU微程序控制模型机

1. 实验目的

（1）了解8位中央处理器的微程序控制器设计的基本方法。

（2）能够使用软件编程仿真基本的8位CPU指令功能。

（3）加深对中央处理器和微程序控制器设计相关理论、概念的理解。

2. 实验原理

微程序控制器是一种可编程的控制器，是用软件方法来设计硬件的技术，相比早期的组合逻辑控制器，具有更好的规整性、灵活性和可维护性，在计算机设计中应用日渐广泛，慢慢取代了组合逻辑控制器。微程序控制方式使用微指令译码产生微命令，而不使用组合逻辑电路产生。微程序控制器设计中采用微程序控制方式工作的控制器，即微程序控制器，将一条机器指令分为若干步来执行，将每步所需的若干命令以代码方式编写于一条微指令中，若干条微指令组成对应某条机器指令的微程序。在设计计算机时，事先根据指令系统的需求编制好若干微程序，并存入一个专用的控制存储器中。微程序控制器通常包括程序计数器PC、指令寄存器IR、程序状态字寄存器PSW、控制存储器CM、时序系统、微指令寄存器、微地址寄存器、微地址形成电路等部件。执行指令时，从控制存储器中查找相应的微程序段，并依次取出微指令送入微指令寄存器，经译码后形成相应的微命令，从而完成机器指令各步操作。

本实验使用Multisim内置的8051模块来模拟微程序控制器功能，并通过汇编语言的函数定义和调用来仿真微指令和微程序的设计，模拟用软件的方式来设计计算机。本实验所设计的CPU模型机假设能够用微程序控制器完成加、减、与、或、左移、右移六条指令，两个操作数默认值分别为A＝0001 0100B，B＝0000 0101B，指令集及功能定义如表4.3所示。

表4.3　8位CPU微程序控制模型机的指令集

指令名称	指令操作码	指令功能
加	0000 0001B	A＋B＝0001 1001B
减	0000 0010B	A－B＝0000 1111B
与	0000 0100B	A and B＝0000 0100B
或	0000 1000B	A or B＝0001 0101B
左移	0001 0000B	rl A＝0010 1000B
右移	0010 0000B	rr A＝0000 1010B

3. 实验内容及步骤

（1）放置单片机。打开Multisim，在菜单栏中单击"New"命令，新建一个电路窗口。在菜单中单击"Place"，选择"MCU"→"805x"→"8051"。点击"OK"放置8051，在图中放置好8051后会弹出窗口，如图4.11所示。单击"Browse"选择路径，或创建一个新的路径，本例中路径选择为"D:\MCU4_1_6\"；在"Workspace name"中可输入工作空间名称，在本例中输入"MCU4_1_6"。

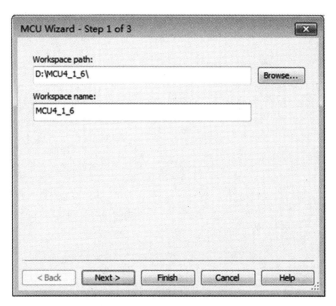

图 4.11   MCU Wizard Step1

单击"Next"，弹出窗口，如图 4.12 所示。项目类型选择"Standard"；本例中使用汇编语言，在"Programming Language"栏中选择"Assembly"；"Project name"可以给本项目创建一个名称，本例使用"MCU4_1_6"。

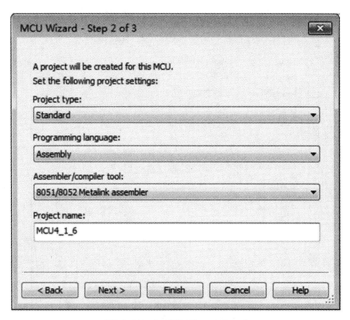

图 4.12   MCU Wizard Step2

单击"Next"，弹出窗口，如图 4.13 所示。选择"Add source file"项，本例中编辑源文件名为"MCU4_1_6.asm"。单击"Finish"完成 MCU Wizard。

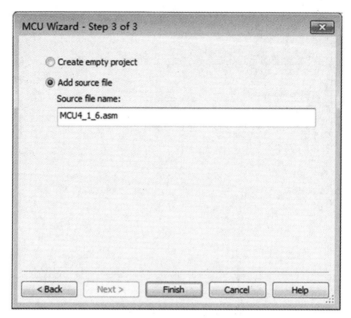

图 4.13　MCU Wizard Step3

（2）设置单片机参数。双击 8051，弹出窗口，修改"Clock speed"为 16 MHz，如图 4.14 所示，单击"OK"完成参数修改。

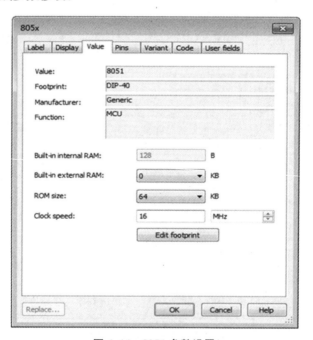

图 4.14　8051 参数设置

（3）如图 4.15 所示，连接好实验电路。选择"Basic"→"RPACK"→"8Line_Busesd"放置 50 Ω 排阻，选择"Diodes"→"LED"→"BAR_LED_GREEN"放置 LED 排灯，用于显示运

算结果。拨码开关 S1,S2 用于输入两个 8 位操作数 A,B,开关 S3 用于输入 8 位操作码。

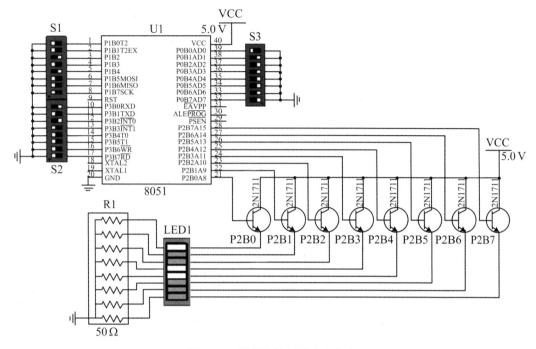

图 4.15　微程序控制器实验电路

（4）输入代码。打开设计工具箱"Design Toolbox",如图 4.16 所示,双击"MCU4_1_6.asm",进入代码编辑界面。

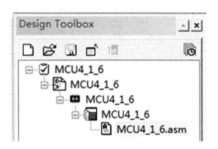

图 4.16　设计工具

在代码编辑界面输入以下代码:

ORG 00H

AJMP START

ORG 20H

START:

    MOV P2,♯000H

    MOV A,♯0FFH

    MOV P0,A

LOOP: MOV A,P0

```
                CJNE A,#000H,CHCK
                MOV P2,#000H
                JMP LOOP
CHCK：          MOV A,P0
                ANL A,#001H
                CJNE A,#000H,ADDI
                MOV A,P0
                ANL A,#002H
                CJNE A,#000H,SUBI
                MOV A,P0
                ANL A,#004H
                CJNE A,#000H,ANDI
                MOV A,P0
                ANL A,#008H
                CJNE A,#000H,ORI
                MOV A,P0
                ANL A,#010H
                CJNE A,#000H,RLI
                MOV A,P0
                ANL A,#020H
                CJNE A,#000H,RRI
                JMP LOOP
ADDI：          MOV A,P1
                ADD A,P3
                MOV P2,A
                JMP LOOP
SUBI：          MOV A,P1
                SUBB A,P3
                MOV P2,A
                JMP LOOP
ANDI：          MOV A,P1
                ANL A,P3
                MOV P2,A
                JMP LOOP
ORI：           MOV A,P1
                ORL A,P3
                MOV P2,A
                JMP LOOP
RLI：           MOV A,P1
                RL A
                MOV P2,A
                JMP LOOP
```

RRI：　　　　MOV A,P1

　　　　　　RR A

　　　　　　MOV P2,A

　　　　　　JMP LOOP

END

（5）编译程序。代码输入后，点击菜单栏"MCU"，选择"MCU 8051 U1"中的"Build"完成编译，若出现错误则修改代码直至能够编译通过。

（6）运行程序。单击菜单"Simulate"下的"Run"或工具栏按钮，观察编译窗口最下栏"Results"，若出现错误则修改错误直至能够正常运行。

（7）返回电路图窗口，观察并记录开关 S1,S2,S3 在不同状态时，二极管 LED1 的工作情况，验证表 4.3 模型机的指令集。

4. 实验结果

当开关 S1,S2 输入两个操作数分别为 A=0001 0100B,B=0000 0101B 时，开关 S3 输入操作码为 0000 0001B 时，单击 Multisim 仿真按钮，可以看到 LED1 输出了两者之和 A+B=0001 1001B，如图 4.15 所示；当开关 S3 输入操作码为 0000 0010B 时，可以看到 LED1 输出了两者之差 A-B=0000 1111B，实验结果如图 4.17 所示。继续调整开关 S3 变换操作码，验证表 4.3 中的指令功能，记录实验数据，并分析实验现象。

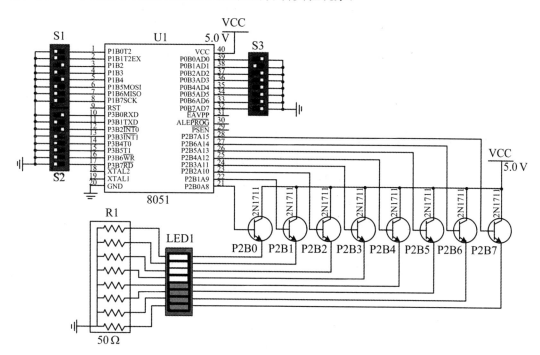

图 4.17　微程序控制器实验结果图

5. 实验思考

微程序控制器和组合逻辑控制器在计算机系统设计上有何差别和优缺点？

4.2　习题与解答

【习题4.1】　某CPU中有通用寄存器R0,R1,R2,R3,试用方框图语言画出以下指令流程图。

(1) LD　(R0),R1;取数指令,将(R0)指示的主存单元内容取到寄存器R1中。

(2) ST　R2,(R3);存数指令,将寄存器R2的内容存放到(R3)指示的主存单元。

解　方框图语言请查阅参考文献[1]相关内容,指令流程图如图4.18所示。

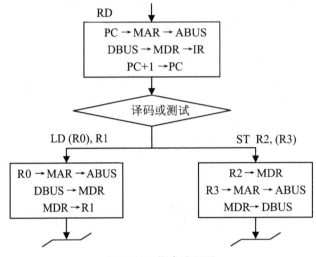

图4.18　指令流程图

【习题4.2】　某假想机主要部件如图4.19所示。其中:LA为ALU的A输入端选择器,LB为ALU的B输入端选择器,IR为指令寄存器,PC为程序计数器,C,D为暂存器,R0~R3为通用寄存器,MAR为主存地址寄存器,M为主存,MDR为主存数据寄存器。(1)请用连接线连接各种部件,并注明数据流动方向。(2)写出"AND　@R0,@R1"和"OR　@R2,@R3"指令取指阶段和执行阶段的信息流程(指令中逗号左边为源操作数的地址,右边为目的操作数的地址)。

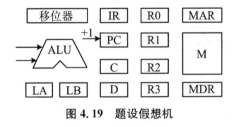

图4.19　题设假想机

解　(1)将各部件间的主要连接线补充完,效果如图4.20所示。

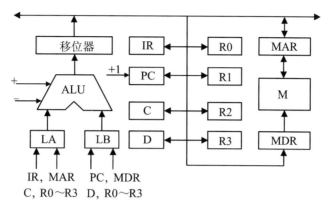

IR, MAR PC, MDR
C, R0~R3 D, R0~R3

图 4.20　各部件连接图

（2）两条指令取指阶段和执行阶段的信息流程如下：

指令 AND　@R0,@R1 的含义为：	指令 OR　@R2,@R3 的含义为：
（R0）AND（R1）→R1	（R2）OR（R3）→R3
（R1）+1 →R1	（R3）+1 →R3
指令的执行流程如下：	指令的执行流程如下：
（1）（PC）→MAR;　　　　取指令	（1）（PC）→MAR;　　　　取指令
（2）M（MAR）→MDR→IR; Read	（2）M（MAR）→MDR→IR; Read
（3）PC+1→PC	（3）PC+1→PC
（4）（R0）→MAR;　　　　取 R0 数	（4）（R2）→MAR;　　　　取 R2 数
（5）M（MAR）→MDR→C; Read	（5）M（MAR）→MDR→C; Read
（6）（R1）→MAR;　　　　取 R1 数	（6）（R3）→MAR;　　　　取 R3 数
（7）M（MAR）→MDR→D; Read	（7）M（MAR）→MDR→D; Read
（8）（R1）+1→R1;　　　修改目的地址	（8）（R3）+1→R3;　　　修改目的地址
（9）（C）AND（D）→MDR;　求 AND 并保存结果	（9）（C）OR（D）→MDR;　求 OR 并保存结果
（10）MDR→M;　　　　　Write	（10）MDR→M;　　　　　Write

【习题 4.3】　某单总线结构机器的数据通路如图 4.21 所示,包括指令寄存器 IR,程序计数器 PC,主存地址寄存器 MAR,主存数据寄存器 MDR,n 个通用寄存器 R0~Rn-1,状态寄存器 SR,ALU 输入数据暂存寄存器 Y,ALU 结果暂存寄存器 Z。试用方框图语言画出以下指令流程图：

（1）LOAD R0,mem;读存储器数据到 R0,其中 mem 为内存地址值。

（2）ADD R3,R1,R2;将 R1 和 R2 中的数据相加,结果送入 R3 中。

解　方框图语言绘制请参考以下指令流程,使用方框作为处理框便可。

（1）指令 LOAD　R0,mem 的执行过程

PC→MAR;	PCo, MAR$_i$
PC+1→PC;	PC+1
DBUS→MDR→IR;	R, MDRo, IRi
IR（A）→MAR;	IR（A）o, MARi

DBUS→MDR;   R

MDR→R0;   MDRo,R0i

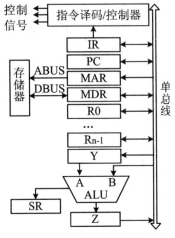

图 4.21　题设流程图

(2) 指令 ADD　R3,R1,R2 的执行过程

PC→MAR;   PCo,MAR$_i$

PC+1→PC;   PC+1

DBUS→MDR→IR;   R,MDRo,IRi

R1→Y;   R1o,Yi

R2+Y→Z;   R2o,ADD

Z→R3;   Zo,R3i

【习题 4.4】　某机器的运算器为三总线(B1,B2,B3)结构,如图 4.22 所示,B1 和 B3 通过控制信号 G 连通,移位器 SH 可进行直送(DM)、左移一位(SL)、右移一位(SR)等 3 种操作,R0,R1,R2 为 3 个通用寄存器。ALU 具有 ADD,SUB,AND,OR,XOR 5 种运算功能,其中 SUB 运算时 ALU 输入端为 B1-B2 模式。试写出下列功能所需的操作序列:(1) 0→R1;(2) (R1)→R0;(3) (R1)∧(R2)→R1 ;(4) 4(R2)+(R0)→R2;(5) [(R1)-(R0)]/2→R0。

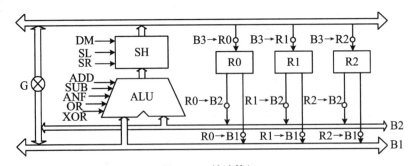

图 4.22　某计算机

解　(1) 0→R1 可用异或操作清零,操作序列:R1→B1,R1→B2,XOR,DM,B3→R1;

(2) (R1)→R0 直送,操作序列:R1→B1, R1→B2,AND,DM,B3→R0;或 R1→B1,G,

B3→R0；

(3) (R1)∧(R2)→R1 为 AND 操作,操作序列:R1→B1,R2→B2,AND,DM,B3→R1;

(4) 4(R2)+(R0)→R2,4(R2)先执行(R2)+(R2),再左移一位,操作序列:R2→B1,R2→B2,ADD,SL,B3→R2;R2→B1,R0→B2,ADD,DM,B3→R2;

(5) [(R1)−(R0)]/2→R0,执行(R1)−(R0),再右移一位,操作序列:R1→B1,R0→B2,SUB,SR,B3→R0。

【习题 4.5】 某微程序控制方式采用水平型微指令格式,微指令字长 32 位,后继微指令地址采用判定方式,共有 31 个微命令,构成 4 个相斥类,各包含 7 个、9 个、12 个和 3 个微命令,控制转移条件共 4 个。试:(1) 设计出微指令的格式;(2) 计算控制存储器的容量。

解 (1) 采用水平型微指令格式,控制字段与判别测试字段为编码表示法,可知:

各包含 7 个、9 个、12 个和 3 个微命令,则控制字段的长度=3+4+4+2=13;

控制转移条件共 4 个,则判别测试字段的长度=4;

下地址字段长度=32−13−4=15。微指令的基本结构如下:

31	19	18	15	14	0
控制字段		判别测试字段		下地址字段	

(2) 已知下地址字段 15 位,微指令字长 32 位,则控制存储器的容量=$2^{15} \times 32$ 位。

【习题 4.6】 某机器采用微程序控制方式,微指令字长 64 位,控制存储器的容量为 1 M×64 bit。微程序可在整个控制存储器中进行转移,转移条件共有 10 个,采用直接控制和字段混合编码,后继微指令地址采用判定方式。请说明如下微指令格式中,3 个字段分别应为多少位。

微操作编码	测试条件	微地址

解 若要访问 1 M=2^{20} 个控制存储器单元,微地址为 20 位;

若转移条件共有 10 个,每个转移条件占 1 位,则测试条件字段为 10 位;

微指令字长 64 位,则微操作编码字段为 64−20−10=34 位。

【习题 4.7】 数字比较系统的数据通路图及微程序流程图分别如图 4.23 所示,请设计其微程序控制器。

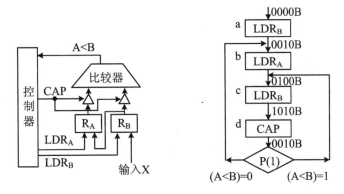

图 4.23 数据通路图及微程序流程图

解 (1) 求地址转移逻辑表达式。微程序流程图中 4 条微指令的地址分别为 0000B，0010B，0100B，1010B，是任意的 4 位微地址二进制码，则控制存储器的容量为 $2^4 = 16$ 个单元。第 4 条微指令执行后用 P(1) 标志进行测试判别，实现微程序分支转移。若转移条件(A<B)=0，则转移执行第二条微指令(微地址 0010B)；若转移条件(A<B)=1，则转移执行第三条微指令(微地址 0100B)；两个微地址仅有中间两位不同。所以，可得到地址转移逻辑表达式：

$$\mu A3 = 0 \ , \ \mu A2 = P1(A{<}B) \cdot T3, \ \mu A1 = P1(\overline{A{<}B}) \cdot T3, \ \mu A0 = 0$$

其中，A<B 是比较器的输出信号。在 T3 节拍的机器周期修改微地址并读控存，并在下一周期的 T1 节拍打入微指令寄存器。

(2) 求微指令格式。方框图中只有三个控制信号：LDR_A、LDR_B、CAP，则微命令字段为 3 位。另外，测试判别字段 1 位，下址字段 4 位，则微指令长度共 8 位。微指令格式如下：

LDR_A	LDR_B	CAP	P(1)	$\mu A3$	$\mu A2$	$\mu A1$	$\mu A0$
微命令			判别	下地址			

(3) 将 4 条微指令按微指令格式编译成二进制代码，如表 4.4 所示，并写入控存。

表 4.4 微指令代码

当前微地址	微指令二进制代码		
	微命令	判别	下地址
0000B	010	0	0010B
0010B	100	0	0100B
0100B	010	0	1010B
1010B	001	1	0010B

(4) 最后，可以根据表 4.4 微指令格式设计微程序控制器的硬件电路图。

【习题 4.8】 假设一条指令分为取指、分析和执行三个步骤，每步时间分别为 $t_{取} = 1$ ns，$t_{分} = 1$ ns，$t_{执} = 2$ ns，分别计算以下三种情况下执行完 200 条指令所需时间：(1) 顺序方式。(2) $k_{执}$ 与 $(k+1)_{取}$ 重叠。(3) $k_{执}$，$(k+1)_{分}$，$(k+2)_{取}$ 重叠。

解 (1) 顺序方式

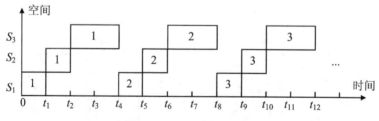

图 4.24 顺序方式时空图

消耗时间 $T = \sum\limits_{i=1}^{n}(t_{取i} + t_{分i} + t_i) = 200 \times (1\ \text{ns} + 1\ \text{ns} + 2\ \text{ns}) = 800\ \text{ns}$。

(2) $k_{执}$ 与 $(k+1)_{取}$ 重叠(一次重叠)

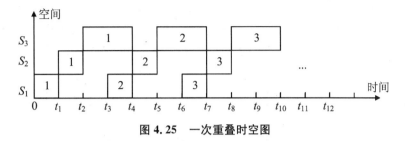

图 4.25　一次重叠时空图

消耗时间 $T = 4\ \text{ns} + \sum\limits_{i=1}^{n-1}(t_{分i} + t_i) = 4\ \text{ns} + 199 \times (1\ \text{ns} + 2\ \text{ns}) = 601\ \text{ns}$。

(3) $k_{执}$，$(k+1)_{分}$，$(k+2)_{取}$ 重叠(二次重叠)

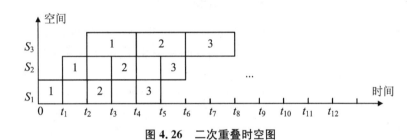

图 4.26　二次重叠时空图

消耗时间 $T = 4\ \text{ns} + \sum\limits_{i=1}^{n-1}(t_i) = 4\ \text{ns} + 199 \times 2\ \text{ns} = 402\ \text{ns}$。

【习题 4.9】　设有 200 条指令组成的程序段经过图 4.27 的指令流水线执行,假定 $\Delta t = 0.5\ \text{ns}$,请计算完成该程序段的流水时间、流水线的实际吞吐率 T_{P}、加速比 S_{P} 和效率 η。

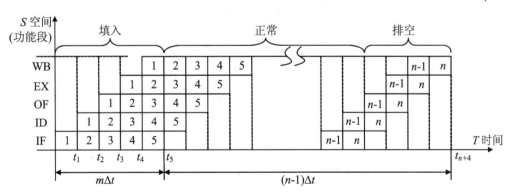

图 4.27　流水线时空图

解　该流水线为 5 级,即 $m=5$,则有:

完成该程序段的流水时间 $T_{\text{C}} = m\Delta t + (n-1)\Delta t = 5 \times 0.5 + 199 \times 0.5 = 102\ \text{ns}$;

流水线的实际吞吐率 $T_{\text{P}} = 200/T_{\text{C}} = 200/102\ \text{ns} \approx 1.96 \times 10^3\ \text{MIPS}$;

非流水线(顺序执行)时间 $T_S = 200 \times 5 \times 0.5 = 500$ ns；

加速比 $S_P = T_S/T_C = 500/102 \approx 4.9$；

效率 $\eta = T_P \Delta t = 200 \times 0.5/102 \approx 0.98$。

【习题 4.10】 某线性流水线包括 5 个延迟时间均为 Δt 的功能段。开始 6 个 Δt，每隔一个 Δt 输入一个任务，再停顿 3 个 Δt，如此重复。求流水线吞吐率、加速比和效率。

解 根据题意，可绘出流水线时空图，如图 4.28 所示。

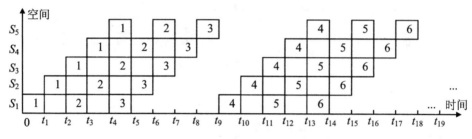

图 4.28 流水线时空图

该流水线为 5 级，即 $m=5$。从流水线的时空图可知，每 9 个 Δt 能输出 3 个结果，则 $(9n+1)\Delta t$ 的时间内可输出 $3n$ 个结果。不考虑指令间相关性，则该流水线的吞吐率为

$$T_P = \frac{3n}{(9n+1)\Delta t} = \frac{3}{\left(9+\dfrac{1}{n}\right)\Delta t} = \frac{1}{3\Delta t} \quad (n \to \infty)$$

该流水线的加速比为

$$S = \frac{3n \times 5\Delta t}{(9n+1)\Delta t} = \frac{15n}{9n+1} = \frac{15}{9+\dfrac{1}{n}} = \frac{5}{3} \quad (n \to \infty)$$

该流水线的效率为

$$\eta = \frac{3n \times \Delta t}{(9n+1) \times \Delta t} = \frac{3n}{9n+1} = \frac{3}{9+\dfrac{1}{n}} = \frac{1}{3} \quad (n \to \infty)$$

第5章　存储器体系结构设计

5.1　仿　真　实　验

5.1.1　基本 RAM 存储器

1. 实验目的

(1) 掌握随机存储器 RAM 的设计和读写方法。

(2) 掌握 Multisim 仿真存储器读写的方法步骤。

(3) 加深对 RAM 存储器等相关理论、概念的理解。

2. 实验原理

随机存取存储器(Random Access Memory, RAM)又称随机存储器,能够随时读写,是计算机中的主存储器(内存),用于直接与 CPU 交换数据。RAM 存储单元具有"随机存取"的特性,即该单元读/写时间与其所在位置无关,可按需随意读/写数据。相反地,顺序访问(Sequential Access)存储器中数据读/写时间与其位置有关。按工作原理不同,RAM 又分为静态随机存储器(Static RAM, SRAM)和动态随机存储器(Dynamic RAM, DRAM)。现代 RAM 存储器几乎是所有存储设备中读/写时间最短的,具有最快的存取延迟,没有其他机械存储设备中的机械动作延迟。

但在断电时,RAM 将丢失所有存储数据,因此主要用于带电读写的程序、运行操作系统、各种应用和数据等。当电源关闭时如果需要保存数据,只能将数据写入不易丢失的存储器中(如硬盘、ROM)。和 RAM 相比,保存在 ROM 上的数据断电以后并不会自动消失,可以长时间断电保存。

HM6116 是一种 2K×8 位的 CMOS 高速 SRAM 存储器,管脚定义与标准的 2K×8 位的芯片兼容(包括 2716),工作时完全静态,无需时钟脉冲或定时选通脉冲。其速度高,存取时间仅为 100 ns、120 ns、150 ns、200 ns(代表产品分别有 6116-10、6116-12、6116-15、6116-20)。HM6116 与 TTL 兼容,但是功耗非常低,工作功耗为 150 mW,空载功耗为 100 mW。

HM6116 由存储矩阵、地址译码和读/写控制三部分组成,其引脚定义详见第 1 章相关内容。它共设有 11 条地址线(A0～A10)、8 条数据线(I/O0～I/O7)、1 条电源线和 1 条接地线 GND(仿真时均略去),另有 3 条使用低电平的控制线,即写允许信号～WE、输出允许信号～OE 和片选信号～CS。

Multisim 还提供了存储器调试菜单,能够在运行暂停时观察相应存储器单元的内容。

3. 实验内容及步骤

(1) 可使用 HM6116 和数据锁存器,构建如图 5.1 所示的 RAM 读写电路。按图 5.1

所示连接好电路,设置电源电压为 5 V。U1 为存储器 HM6116,U2 为反相器,用于防止读写冲突,数据锁存器 U3 用于封锁数据写入信号,数码管 U4,U5 用于观察地址信号,数码管 U6,U7 用于观察总线上读取或写入的数据,数码管 U8,U9 用于观察写入的数据。在电路图中放置三条总线,分别命名为 ABus,DBus,InBus,并将各引脚连接至相应总线。

(2) 设置存储器地址选择开关 S1 为 0101 1000B,可用于选择地址为 58H 的存储单元(如图 5.1 中 U4,U5 所示)。

(3) 设置存储器读写控制开关 S2=1,可设置存储器 HM6116 的～WE/～OE 读写状态(～WE=1,且～OE=0,为读存储器状态)。

(4) 设置输入数据开关 S3 为 0010 0110B,即可设置写入存储器的数据(图 5.1 中 U8,U9 显示的数据为 26H)。

(5) 单击 Multisim 仿真运行按钮。

(6) 由图 5.1 可见,U6,U7 未有显示,虽然选择了存储地址 58H 和写入数据值 26H,但由于～WE/～OE 封锁了写入,因此,数据锁存器 U3 将输入数据封锁在数据总线外,HM6116 存储单元内并无内容。拨动存储器读写控制开关 S2=0,将数据值写入存储器 U1,可从 U6,U7 观察到数据 26H 写入存储器。

(7) 拨动开关 S1,S2,S3,观察数码管的显示情况。暂停运行,点击菜单"MCU"→"RAM HM6116A120 U1",可以打开存储器信息视图,观察并记录实验数据。

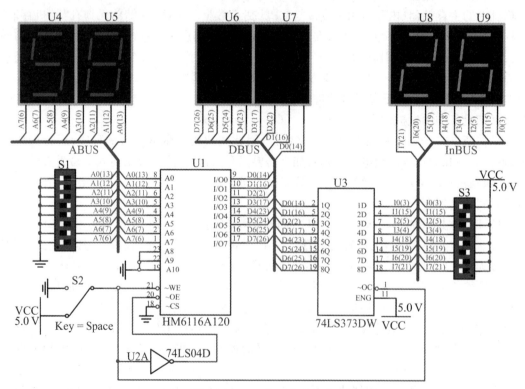

图 5.1　RAM 读写实验电路

4. 实验结果

仿真运行后,开始的实验结果如图 5.1 所示,存储器中并无数据可供显示(如 U6,U7 所示)。然后拨动存储器读写控制开关 S2 至 GND,即～WE＝0,且～OE＝1,为写存储器状态,输入数据开关 S3 的数据值 26H 通过 U3 进入存储器 U1,可由 U6,U7 观察到总线上有数据 26H 在传输,如图 5.2 所示。

此时,如果再拨动存储器读写控制开关 S2 至 VCC,即～WE＝1,且～OE＝0,为读存储器状态,可以发现和开始运行时并不同,此时总线上仍然有数据在传输,可由 U6,U7 观察到是 26H。说明数据 26H 已经被写入存储器 HM6116。进一步地,可以断开开关 S3,仍然不影响存储器中数据的读取,U6,U7 数据读出仍然有效。

保持存储器读写控制开关 S2 至 VCC,即～WE＝1,且～OE＝0,为读存储器状态,但是更换存储器地址选择开关 S1 的状态,即选择 U1 中的其他存储单元,可以看到,U6,U7 数据显示为 00H,即存储器无数据值。此结果和图 5.1 仿真刚开始时类似。可以切换开关 S2 到存储器写的状态,对该存储单元写入数据,便可再次读取到写入的数据值。

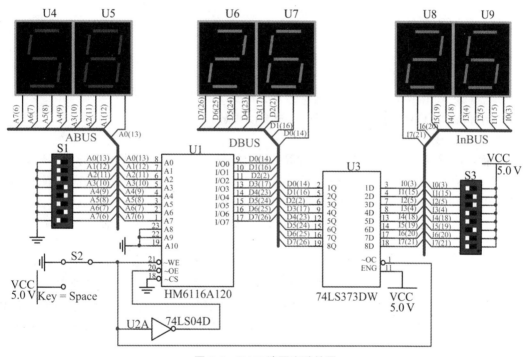

图 5.2　RAM 读写实验结果

运行时点击"暂停"按钮,点击菜单"MCU"→"RAM HM6116A120 U1",可以观察到存储器单元 0058H 存储了数据 26H,如图 5.3 所示。

5. 实验思考

如何实现对多片 HM6116 的读写?

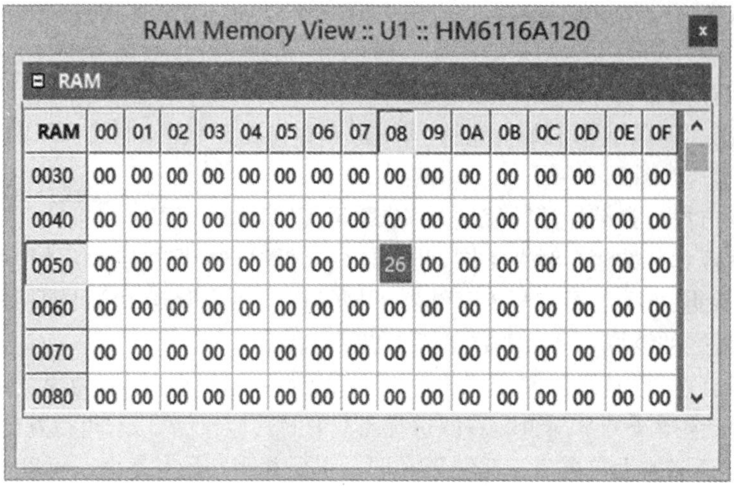

RAM	00	01	02	03	04	05	06	07	08	09	0A	0B	0C	0D	0E	0F
0030	00	00	00	00	00	00	00	00	00	00	00	00	00	00	00	00
0040	00	00	00	00	00	00	00	00	00	00	00	00	00	00	00	00
0050	00	00	00	00	00	00	00	00	26	00	00	00	00	00	00	00
0060	00	00	00	00	00	00	00	00	00	00	00	00	00	00	00	00
0070	00	00	00	00	00	00	00	00	00	00	00	00	00	00	00	00
0080	00	00	00	00	00	00	00	00	00	00	00	00	00	00	00	00

RAM Memory View :: U1 :: HM6116A120

图 5.3　RAM 存储器数据视图

5.1.2　基本 ROM 存储器

1. 实验目的

(1) 掌握只读存储器 ROM 的设计和读写方法。

(2) 掌握 Multisim 仿真存储器读写的方法和步骤。

(3) 加深对 ROM 存储器等相关理论、概念的理解。

2. 实验原理

只读存储器(Read Only Memory,ROM)是只能读出预先存储数据的半导体存储器,一旦数据写入将不会因失电等原因而改变或删除,常用于存储不需经常更新的固定程序和数据。ROM 中的数据不像随机存储器那样可以轻易改写,比较稳定,不受断电影响,结构简单,读取方便。不同用户可以根据需要存储不同的只读存储器内容,也有一些只读存储器(如字符发生器)可以通用。

之后,还发展了可编程只读存储器(PROM)、可擦除可编程序只读存储器(EPROM)和电可擦除可编程只读存储器(EEPROM)。很多计算机系统和外设使用 EPROM 或 EEPROM 制作固件(Firmware),保存在设备内部作为驱动程序。

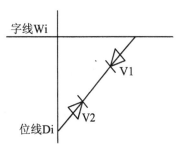

图 5.4　PN 结击穿型 PROM

可编程 ROM 可以由用户将要写入的信息"烧"入 ROM。一次可编程 ROM(One Time Programmable ROM,OTPROM)写入信息需要使用专门的 ROM 编程器。PROM 有熔断丝型和 PN 结击穿型(图 5.4)两种,用户可以对其进行一次性编程,重复读出。

对于 PN 结击穿型 PROM,字线和位线相交处有两个反向串联的肖特基二极管。正常工作时二极管不导通,字线和位线断开,相当于存储了信息 0。若使用 $100\sim150$ mA 恒流源使反向二极管击穿短路,存储单元只剩下一只正向的二极管,相当于存储了信息 1。

3. 实验内容及步骤

(1) 可使用肖特基二极管 1.5KE130CA-E3/54 和拨码开关构建如图 5.4 所示的 ROM 读写电路。按图 5.5 所示连接好电路,设置读电源电压 Read 为 5 V,写电源电压 Write 为恒流源 120 mA。16 只肖特基二极管 1.5KE130CA-E3/54(D1~D16)构成 4×4 ROM 存储器阵列。拨码开关 S1 为行选择开关,拨码开关 S2 为列选择开关,单刀双掷开关 S3 为存储器读写选择开关。为便于观察每个存储单元的工作情况,在存储器阵列中有意设置了 16 只发光二极管(LED1~LED16),并不表示实际存储器中使用该种连接方式。

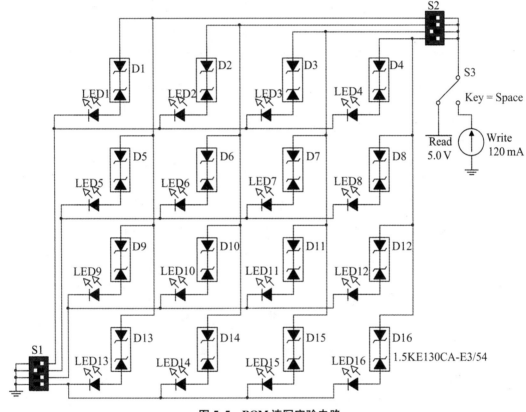

图 5.5 ROM 读写实验电路

(2) 设置存储器行选择开关 S1 为 0100B,表示选择地址为第 2 行的存储单元(图 5.5 中 D5~D8)。

(3) 设置存储器列选择开关 S2 为 0010B,表示选择地址为第 3 列的存储单元(图 5.5 中 D3,D7,D11,D15)。综合开关 S1 和 S2 的设置情况,可知 ROM 存储单元 D7 被选中。

(4) 单击 Multisim 仿真运行按钮。

(5) 设置读写选择开关 S3 为 Read 5 V,读入 ROM 存储器单元 D7 的值,可见 LED7 并不亮,表示数据值为 0。

(6) 设置读写选择开关 S3 为 Write 120 mA,将值 1 写入 ROM 存储器单元 D7,可见 LED7 变亮。

（7）拨动开关 S1,S2,S3,观察其他存储单元选择和读写情况,并记录实验数据。

4. 实验结果

仿真运行后,开始的实验结果如图 5.5 所示,存储器中并无数据可供显示。然后拨动开关 S3 到 Write 120 mA,可观察到 LED7 亮,如图 5.6 所示。继续切换开关 S1,S2,S3,观察实验现象,并记录实验数据。

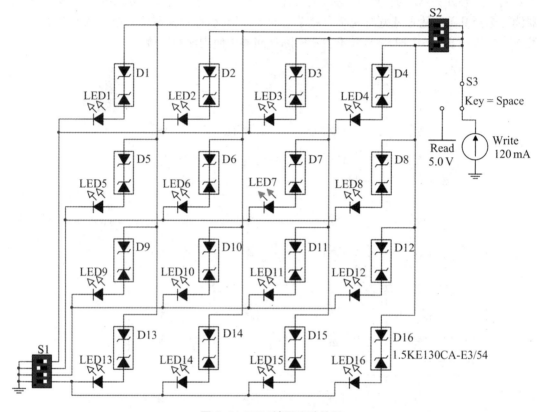

图 5.6　ROM 读写实验结果

5. 实验思考

如何实现对多组 ROM 阵列的读写?

5.1.3　RAM 阵列译码

1. 实验目的

（1）掌握随机存储器 RAM 阵列的设计和读写方法。

（2）掌握 Multisim 仿真读写存储器阵列的方法和步骤。

（3）加深对存储器等相关理论、概念的理解。

2. 实验原理

实际使用的存储器通常由多片存储芯片构成,每片存储芯片都带有一个片选开关,如 CE(Chip Enable)或 CS(Chip Select),只有当该片选信号电平有效(一般为低电平),该存储芯片才进入工作状态,能够进行数据的读写。CPU 要完成存储器的读写操作,首先要进行片选,之后再从选中的芯片中按片内地址码选出对应的存储单元进行数据读写操作。存储芯片的片选往往由高位地址译码实现,而存储芯片的片内字选则往往由若干条低位地址线直接接到各存储芯片的地址输入端。

线选法直接使用高位地址线(除片内地址外)接至各个存储芯片的片选端,当某地址线信号有效时(如为0),则对应的芯片被选中。每次寻址时,各片选地址线仅有一位有效,而不允许多位同时有效,以确保每次只选一片。线选法对系统存储器空间浪费较大,且将地址空间分隔,适合地址空间不大的场合。

全译码法使用全部高位地址线(除片内地址外)作为存储器地址译码器的输入,各芯片的片选信号为译码器的输出。所以,全译码方式也是由指定的译码地址选中该存储芯片,以完成存储芯片的寻址。全译码法中每块存储芯片具有唯一确定的、连续的地址范围,便于存储容量扩展,没有地址重叠问题,但对译码电路要求较高。

部分译码法仅使用的高位地址的一部分(除片内地址外)实现片选译码,容易出现地址重叠问题。

74LS138 为典型的 3 线-8 线译码器,其引脚定义详见第 1 章节相关内容。当选通端 G1 为高电平,且另两个选通端~G2A 和~G2B 为低电平时,可将地址端 C,B,A 的二进制编码译码成 Y0~Y7 对应的值(低电平有效)并出。例如,当 CBA=010B 时,Y2 输出端输出低电平信号。进一步地,利用 G1,~G2A 和~G2B 的选通功能,还可级联扩展成 24 线译码器,通过外接反相器还能进一步级联成 32 线译码器。若将选通端 G1,~G2A 和~G2B 中的某个用作数据输入时,74LS138 则构成一个数据分配器。

3. 实验内容及步骤

(1) 可使用 74LS138 与 HM6116 及数据锁存器构建如图 5.7 所示的 SRAM 阵列电路。按图 5.7 所示连接好电路,设置电源电压为 5 V。U1,U2 为两片 RAM 存储器 HM6116,U3 为数据锁存器 74LS373 用于封锁数据写入信号,U4 为 74LS138 用于存储器片选译码,数码管 U5,U6 用于观察地址信号,U7,U8 用于观察总线上读取或写入的数据,U9,U10 用于观察写入的数据值,反相器 U11 用于防止读写冲突。在电路图中放置三条总线,分别命名为ABus,DBus,InBus,并将各引脚连接至相应总线。选择"Diodes"→"LED"→"BAR_LED_GREEN"放置 LED 排灯。

(2) 设置存储器地址选择开关 S1 为 0011 1000B,即选择地址为 38H 的存储单元(图 5.7 中 U5,U6)。

(3) 设置存储器读写控制开关 S2=1,即设置两片存储器 HM6116 的~WE/~OE 读写状态(~WE=1,且~OE=0,为读存储器状态)。

(4) 设置输入数据开关 S3 为 1100 1111B,即设置写入存储器的数据(图 5.7 中 U9,U10 显示的数据)为 CFH。

(5) 设置片选地址开关 S4 为 001B,即 74LS138 的编码为 1,图 5.7 中 LED1 显示的第 1 个 LED 灯不亮,第 0 个和其他 LED 均亮,表示 74LS138 的输出 Y1 有效。

(6) 单击 Multisim 仿真运行按钮。

(7) 由图 5.7 可见,U7,U8 未有显示,虽然选择了存储单元地址 38H 和写入数据值

CFH,但由于～WE/～OE 封锁了写入,因此,数据锁存器 U3 将输入数据封锁在数据总线外,两片 HM6116 存储单元内并无内容。拨动存储器读写控制开关 S2=0,将数据值写入存储器 U1,可从 U7,U8 观察到数据 CFH 写入存储器。

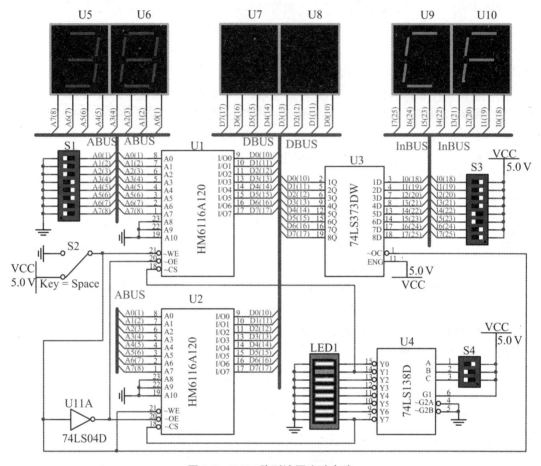

图 5.7　RAM 阵列读写实验电路

(8) 拨动 S1,S2,S3,观察数码管的显示情况。暂停运行,点击菜单"MCU"→"RAM HM6116A120 U1",和"MCU"→"RAM HM6116A120 U2",可以打开两块 RAM 的存储器信息视图,观察并记录实验数据。

4. 实验结果

仿真运行后,开始的实验结果如图 5.7 所示,存储器中并无数据可供显示。然后拨动开关 S2 到 GND,即～WE=0,且～OE=1,为写存储器状态,数据开关 S3 的数据值 CFH 进入存储器 U1,可由 U7,U8 观察到总线上有数据 CFH 在传输,如图 5.8 所示。

运行时点击"暂停"按钮,点击菜单"MCU"→"RAM HM6116A120 U1",和"MCU"→"RAM HM6116A120 U2",可以观察到 2 块 RAM 存储器 U1,U2 的 0038H 单元,其中只有 U1 存储了数据 CFH,而 U2 的存储单元 0038H 并无数据存储,如图 5.9 所示。

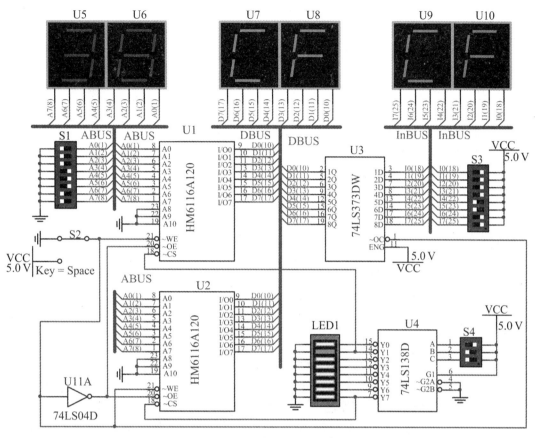

图 5.8 RAM 阵列读写实验结果

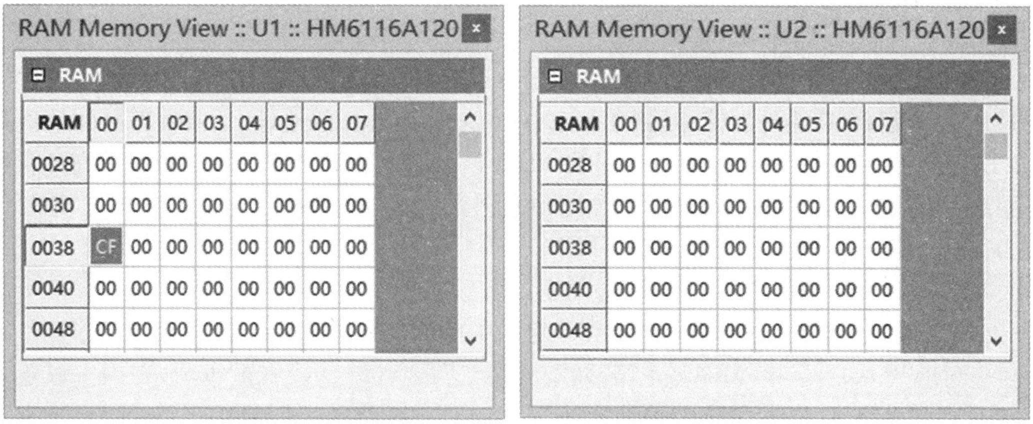

图 5.9 两片 RAM 存储器数据视图

保持开关 S2 至 VCC,即～WE=1,且～OE=0,为读存储器状态,S1 和 S3 的状态不变,但是更换片选地址开关 S4 的状态,即选择存储器 U2 或除 U1,U2 以外的其他存储器单元,可以看到,U7,U8 数据显示为 00H,即无法读到数据值,此结果和图 5.7 仿真刚开始时类似。此时,只有切换片选地址开关 S4 选择相应存储器,如 S4 的值为 111B,即 Y7 有效,选择存储器 U2 某一存储单元写入数据才可再次写入并读到数据。

5. 实验思考

如何实现 8 片以上的存储器芯片读写?

5.1.4 CPU 读写 RAM

1. 实验目的

(1) 掌握 CPU 与存储器间读写的工作原理。

(2) 掌握使用 Multisim 仿真 CPU 读写 RAM 存储器的基本方法。

(3) 加深对存储器等相关理论、概念的理解。

2. 实验原理

通常的单片机内部存储器空间比较小,常用于寄存器、数据缓冲器、堆栈、软件标志等。当需要运行较大容量的用户程序或数据时,需要增加外部存储器来扩大计算机系统的存储容量,因此很多单片机都配有大量的访问存储器指令。

很多单片机的输入/输出引脚能够利用时分复用技术,作为地址总线和数据总线使用,在数据输入输出时需要借助锁存器对地址进行锁存。在 CPU 与外部存储器进行读写时,需要利用一部分接口获取外部存储器的地址信号,然后从首地址开始的连续单元读写相应的数据。数据的读出或写入往往需要使用 CPU 另外的引脚接口作为专门的数据总线,一次数据读写完毕后,再对下一次读写的数据进行寻址。

8051 单片机分为 4 个存储空间:内部数据存储空间(片内 RAM)共 128 字节,地址范围为 00H~7FH;特殊功能寄存器空间(片内 RAM)共 21 字节,地址范围为 80H~FFH,仅有 21 个有效的字节地址;程序存储器(片内 ROM,可外扩)64 KB,地址范围为 0000H~FFFFH,包括片内 4 KB(0000H~0FFFH),外部扩展 60 KB(片外程序存储器);外部数据存储器(片外 RAM)最大容量为 64 KB。其中,片外 RAM 无法实现堆栈操作;片内 RAM 操作时无需读写信号,而片外 RAM 读写操作时需读(RD)写(WR)信号。

8051 在外接存储器时,P0 口为数据总线与低 8 位地址总线复用,既要传输数据,又要输出地址。因此,P0 口需外加锁存器(如 74LS373)来锁存低 8 位地址,且该锁存器的使能端(如 ENG)要接到 8051 的地址锁存输出端 ALE(~PROG)。而 8051 的 P2 口只是高 8 位地址总线,只输出地址,并不需要锁存。因此,访问外部存储器的数据位宽为 8 位(P0),地址位宽为 16 位(P0+P2,最大寻址范围为 FFFFH)。

3. 实验内容及步骤

(1) 放置单片机。打开 Multisim,在菜单栏中单击"New"命令,新建一个电路窗口。在菜单中单击"Place",选择"MCU"→"805x"→"8051"。点击"OK"放置 8051,在图中放置好 8051 后会弹出窗口,如图 5.10 所示。单击"Browse"选择路径,或创建一个新的路径,本例中路径选择为"D:\MCU5_1_4\";在"Workspace name"中可输入工作空间名称,在本例中命名为"MCU5_1_4"。

单击"Next",弹出窗口,如图 5.11 所示。项目类型选择"Standard";本例中使用汇编语言,在"Programming Language"栏中选择"Assembly"汇编语言;"Project name"可以给本项目创建一个名称,本例使用"MCU5_1_4"。

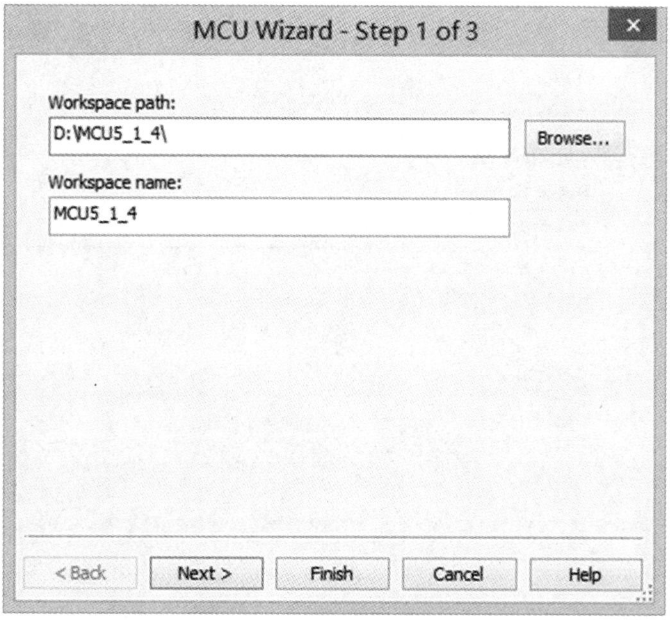

图 5.10　MCU Wizard Step1

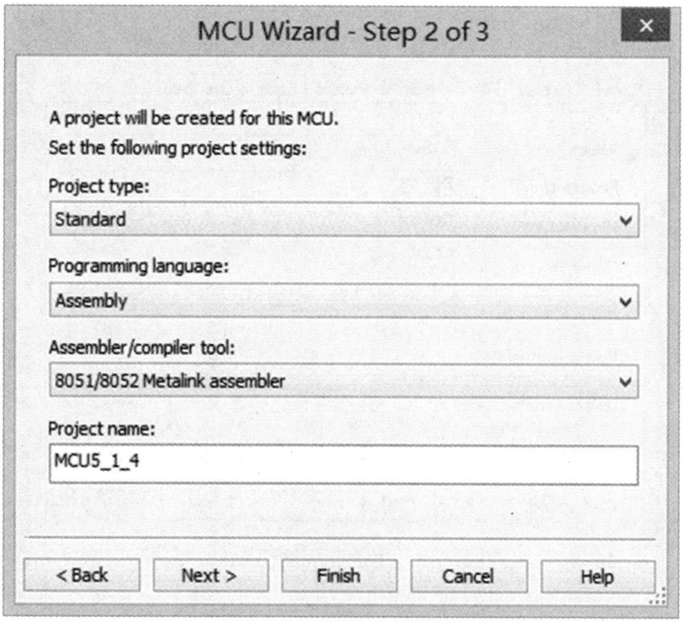

图 5.11　MCU Wizard Step2

　　单击"Next",弹出窗口,如图 5.12 所示。选择"Add source file"项,本例中编辑源文件名为"MCU5_1_4.asm"。单击"Finish"完成 MCU Wizard。

　　(2) 设置单片机参数。双击 8051,弹出窗口,修改"Clock speed"为 30 MHz,如图 5.13所示,单击"OK"完成参数修改。

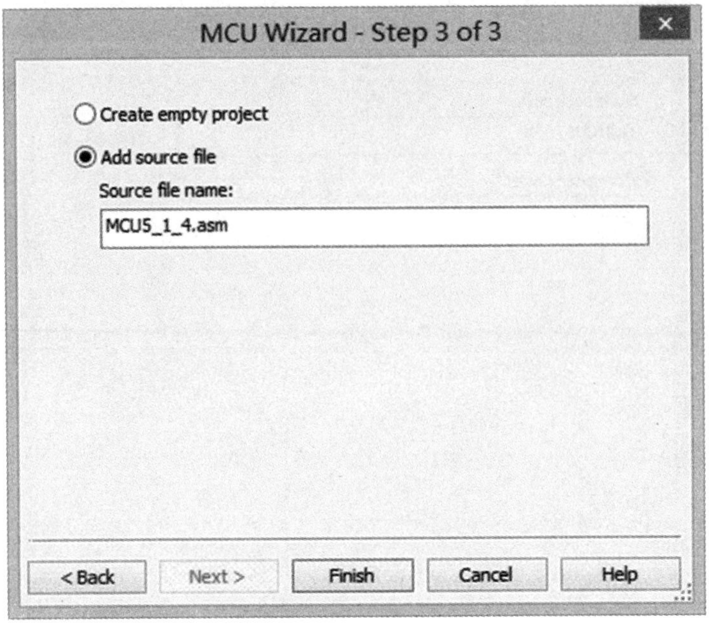

图 5.12 MCU Wizard Step3

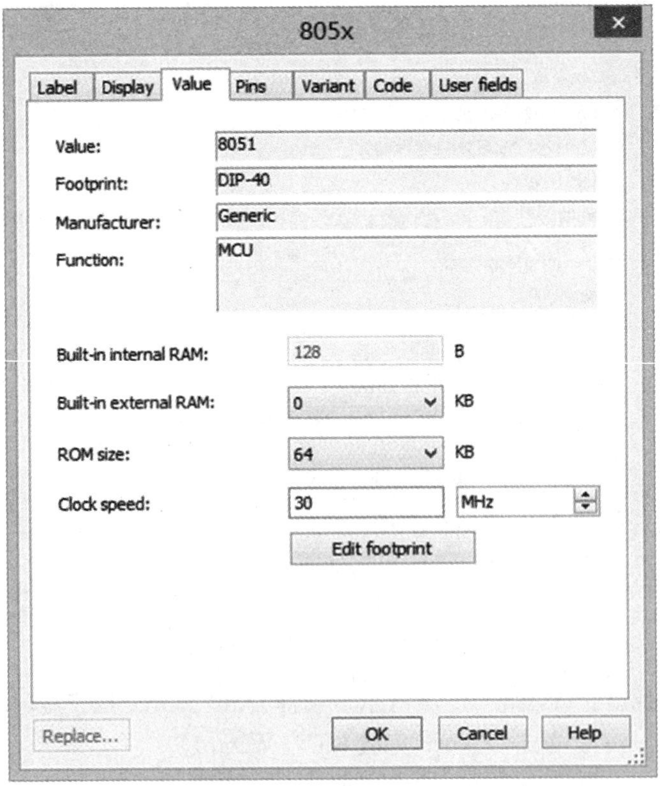

图 5.13 8051 参数设置

（3）按图 5.14 连接好电路。在虚拟仪器仪表工具栏（Instruments Toolbar）中选择"Logic Analyzer"并放置 XLA1,之后设置逻辑分析仪 XLA1 参数,如图 5.15 所示。在电路图中放置三条总线,分别命名为 P1Bus,ABus,DBus,并将各引脚连接至相应总线。选择"Basic"→"RPACK"→"8Line_Busesd"放置 100 Ω 排阻。

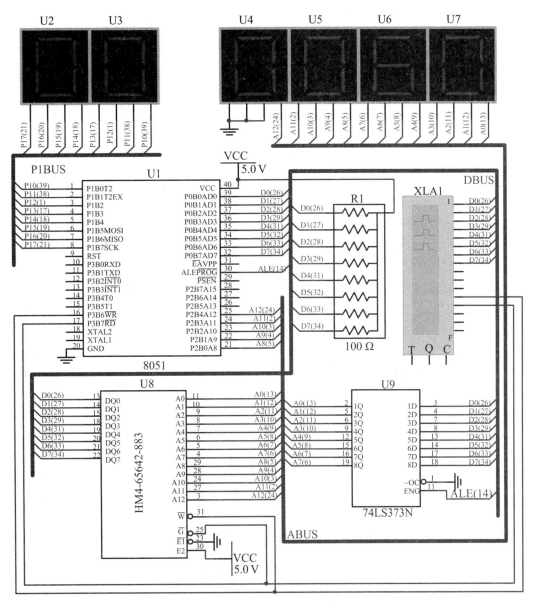

图 5.14 CPU 读写存储器实验电路

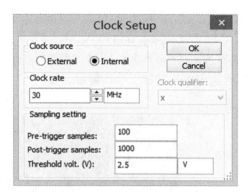

图 5.15　逻辑分析仪参数设置

　　(4) 输入代码。打开设计工具箱"Design Toolbox",如图 5.16 所示,双击"MCU5_1_4. asm",进入代码编辑界面,并输入以下代码:

```
              ORG 00H
              MOV      P1,♯20H
              MOV      DPTR,♯60H
              MOV      A,♯71H
              AJMP     MAIN
              ORG      40H
       MAIN： MOVX     A,@DPTR
              INC      A
              INC      DPTR
              CJNE     A,♯79H,MAIN
              MOV      DPTR,♯60H
              MOV      R1,♯20H
       RAM1： MOVX     A,@DPTR
              MOV      P1,A
              INC      DPTR
              CJNE     R1,♯79H,RAM1
              SJMP     $
              END
```

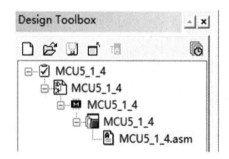

图 5.16　设计工具

（5）编译程序。代码输入后，点击菜单栏"MCU"，选择"MCU 8051 U1"中的"Build"完成编译。若出现错误则修改代码直至能够编译通过。

（6）运行程序。单击菜单"Simulate"下的"Run"或工具栏按钮，观察编译窗口最下栏"Results"，若出现错误则修改错误直至能够正常运行。

（7）返回电路图窗口，观察并记录存储器在不同读写状态时，数码管 U2～U7 和示波器 XLA1 的工作情况。

4. 实验结果

在电路设计原理图窗口，单击 Multisim 仿真按钮，可以看到从存储单元 60H 开始写入数据，数码管显示如图 5.14 所示，示波器观察的存储器读写实验结果如图 5.17 所示。

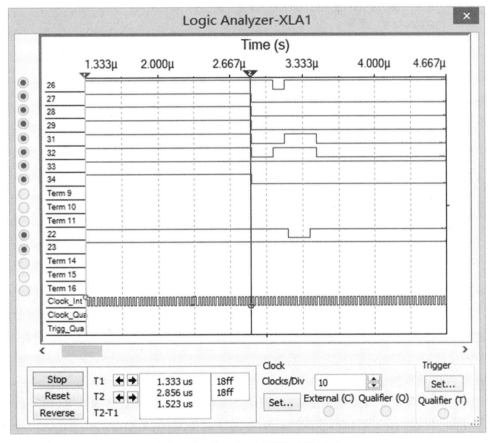

图 5.17　8051 读写存储器的波形图

运行时点击"暂停"按钮，点击菜单"MCU"→"RAM HM4-65642-883 U8"，可以观察到 RAM 存储器单元 60H 开始连续读写的数据 71H～78H，如图 5.18 所示。

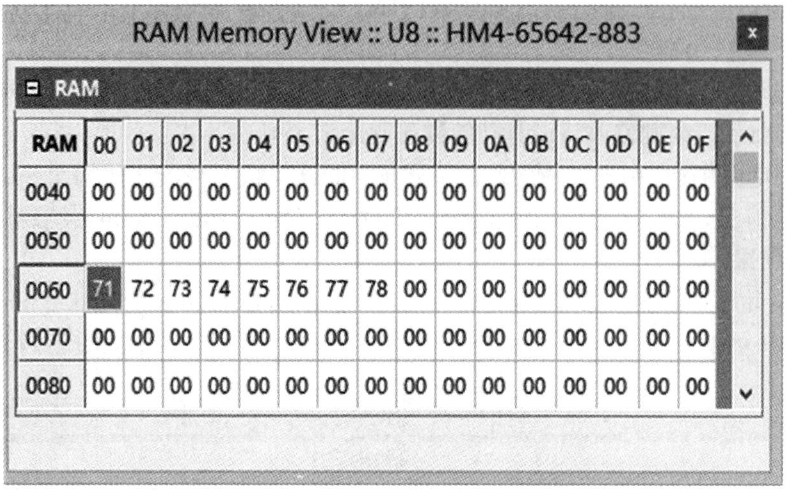

图 5.18　CPU 向 RAM 存储器连续读写数据

5. 实验思考

单片机读写存储器的基本过程如何?

5.1.5 磁盘调度算法

1. 实验目的

(1) 掌握磁盘调度算法的计算机仿真方法。

(2) 能够使用 C 语言对不同的磁盘调度算法进行仿真。

(3) 加深对磁盘调度等相关理论、概念的理解。

2. 实验原理

磁盘调度算法常用于计算机系统访问磁表面存储器上的数据。由于在计算机运行过程中,不同进程可能需要访问磁盘上不同位置的存储块数据,而且处理器的访问请求速度远远高于磁盘响应速度,所以需要为磁盘设备建立磁道访问队列。常见的磁道调度算法有:先来先服务 FCFS(First Come First Serve)、最短路径优先 SSTF(Shortest Seek Time First)、扫描算法 SCAN、循环扫描算法 CSCAN。

(1) FCFS 是最简单的磁盘调度算法,完全不依赖于磁道访问队列的长度、访问频率和相邻访问间的位置。在磁道访问较少时,FCFS 易于被接受;但当磁道访问量很大时,FCFS 的性能很容易急剧恶化。FCFS 一般用于其他算法参考的性能基准。

(2) SSTF 算法根据最短寻道时间原则来确定下一个访问磁道,有时也称为最短寻道距离优先(Shortest Seek Distance First, SSDF)算法。但是计算精确的寻道时间实际上很困难,而且寻道时间随寻道距离增加而递增,磁道访问队列中距当前磁头最近的磁道自然成为下一个访问对象。当访问量较大时,SSTF 能够获得比较短的平均响应时间,但响应时间方差却较大,队列中的某些请求很容易出现"饥渴"现象,即长时间得不到访问服务。

(3) SCAN 算法以平等的原则安排磁盘访问队列中的每个请求,磁头只能从最内圈磁道到最外圈磁道按顺序移动,并在移动过程中响应所在寻道方向上的请求。SCAN 算法的平均响应时间比 SSTF 算法长,但响应时间方差比 SSTF 要小。

(4) CSCAN 是 SCAN 算法的改进,可以防止个别进程的访问请求出现长时间等待。CSCAN 仅单向响应磁道访问请求,即磁头从最外圈移动到最内圈的过程中与 SCAN 算法一样响应磁道访问请求,当磁头到达最内圈后立即将磁头直接移动到最外圈,再重新开始磁道访问。

例如,假设当前磁头所在磁道为第 100 号,有 9 个进程先后提出磁盘 I/O 请求,访问的磁道号依次为 53,60,34,15,95,170,145,31,191,假设按发出请求的先后顺序排队。要求采用 FCFS/SSTF/SCAN/CSCAN 策略进行磁盘调度,如表 5.1 所示。

FCFS 策略进行磁盘调度,平均寻道距离约 61.44 条磁道,该方法平均寻道距离较大,适合磁盘 I/O 较少的场合。SSTF 算法的平均寻道距离为 29.00,寻道性能好,曾被广泛采用。SCAN 算法平均寻道长度约 29.67,既有较好的寻道性能,又可防止进程饥饿现象。循环扫描(CSCAN)算法平均寻道长度为 38.56。

表 5.1　磁道访问请求及不同算法的访问情况

磁道号访问请求顺序	53	60	34	15	95	170	145	31	191
FCFS 磁盘调度访问的磁道	53	60	34	15	95	170	145	31	191
FCFS 移动距离(磁道数)	47	7	26	19	80	75	25	114	160
SSTF 磁盘调度访问的磁道	95	60	53	34	31	15	145	170	191
SSTF 移动距离(磁道数)	5	35	7	19	3	16	130	25	21
SCAN 磁盘调度访问的磁道	145	170	191	95	60	53	34	31	15
SCAN 移动距离(磁道数)	45	25	21	96	35	7	19	3	16
CSCAN 磁盘调度访问的磁道	145	170	191	15	31	34	53	60	95
CSCAN 移动距离(磁道数)	45	25	21	176	16	3	19	7	35

3. 实验内容及步骤

(1) 打开 C++ 编译系统,点击"新建",创建一个 C++ 源文件,如图 5.19 所示。保存文件名为"DiskSchedule. c"或"DiskSchedule. cpp",并选择保存位置,本例中路径选择为"D: \DiskSchedule",再点击"确定"按钮。

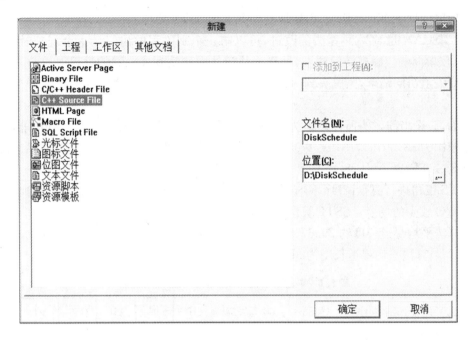

图 5.19　创建 C 语言源程序

（2）在代码编辑界面输入以下代码：

```
// DiskSchedule. cpp
# include "stdio. h"
# include "stdlib. h"
# define TOTALTRACK 9
# define TRACKMAXID 1000

int Sum=0,Line,TrackArray[5][2];
int Distance1[TOTALTRACK+1],Distance2[TOTALTRACK+1]={0};
float AverageDistance=0;

void TrackID(int Track[]){
    printf("Please input the tracks to be accessed:");
    for(int i=0;i<=TOTALTRACK−1;i++)
        scanf("%d",&Track[i]);
    printf("\n");
}

void SringCopy(int SourceString[],int DestinationString[],int Number){
    for(int i=0;i<=Number;i++)
        DestinationString[i]=SourceString[i];
}
```

```
void StringMove(int SourceString[],int Number,int Index){
    for(int i=Number;i<Index;i++)
    {
        SourceString[i]=SourceString[i+1];
        Number++;
    }
}


void ResultOutput(int Results[],int Number){
    for(int i=0;i<=Number;i++)
        printf("%5d",Results[i]);
}


void FCFS(int Total,int Track[])//先来先服务算法(FCFS){
    int i,count=TOTALTRACK-1,TrackSum=0,TempDistance,Distance[TOTALTRACK+1];
    SringCopy(Track,Distance,TOTALTRACK-1);
    printf("Tracking results of FCFS:\n");
    printf("Tracks to be accessed:      ");
    ResultOutput(Track,TOTALTRACK-1);
    printf("\nAccess order of Tracks:     ");
    TrackSum=Total-Distance[0];
    Distance1[0]=47;
    for(i=0;i<=TOTALTRACK-1;i++){
        TempDistance=Distance[0]-Distance[1];
        if(TempDistance<0)
            TempDistance=(-TempDistance);
        Distance1[i+1]=TempDistance;
        printf("%5d",Distance[0]);
        TrackSum=TempDistance+TrackSum;
        StringMove(Distance,0,count);
        count--;
    }
    printf("\nTraveling distance(Tracks):");
    for(i=0;i<=TOTALTRACK-1;i++)
        printf("%5d",Distance1[i]);
    TrackArray[Line][1]=TrackSum;
    TrackArray[Line][0]=1;
    Line++;
    AverageDistance=((float) TrackSum)/TOTALTRACK;
    printf("\nTotal traveling distance(Tracks):      %5d ",TrackSum);
    printf("\nAverage traveling distance(Tracks):      %0.2f\n",AverageDistance);
}
```

```
void SSTF(int Total,int Track[])//最短寻道时间优先算法(SSTF){
  int i,j,k,count=TOTALTRACK-1,TrackSum=0,Min,TempDistance,Distance[TOTALTRACK+1];
  SringCopy(Track,Distance,TOTALTRACK-1);
  printf("\nTracking results of SSTF:\n");
  printf("Tracks to be accessed:       ");
  ResultOutput(Track,TOTALTRACK-1);
  printf("\nAccess order of Tracks:       ");
  for(i=0;i<=TOTALTRACK-1;i++){
    Min=TRACKMAXID;
    for(j=0;j<=count;j++){
      if(Distance[j]>Total)
        TempDistance=Distance[j]-Total;
      else
        TempDistance=Total-Distance[j];
      if(TempDistance<Min){
        Min=TempDistance;
        k=j;
      }
    }
    Distance1[i]=Min;
    TrackSum=TrackSum+Min;
    printf("%5d",Distance[k]);
    Total=Distance[k];
    StringMove(Distance,k,count);
    count--;
  }
  printf("\nTraveling distance(Tracks):");
  for(i=0;i<=TOTALTRACK-1;i++)
    printf("%5d",Distance1[i]);
  TrackArray[Line][1]=TrackSum;
  TrackArray[Line][0]=2;
  Line++;
  AverageDistance=((float)TrackSum)/TOTALTRACK;
  printf("\nTotal traveling distance(Tracks):       %5d ",TrackSum);
  printf("\nAverage traveling distance(Tracks):       %0.2f\n",AverageDistance);
}


void SCAN(int Total,int Track[],int Number,int Index)//扫描算法(SCAN){
  int i,j,k,Two=2,ID=0,Direction=0,Order=0,Min,TempDistance;
  int count=Index,TrackSum=0,Distance[TOTALTRACK+1];
  SringCopy(Track,Distance,TOTALTRACK-1);
  printf("\nTracking results of SCAN:");
```

```
if(Direction==1) printf("(Moving from inside to outside)\n");
else printf("(Moving from outside to inside)\n");
printf("Tracks to be accessed：     ");
ResultOutput(Track,TOTALTRACK-1);
printf("\nAccess order of Tracks：     ");
Min=TRACKMAXID;
for(i=Number;i<=Index;i++){
   if(Distance[i]>Total)
      TempDistance=Distance[i]-Total;
   else
      TempDistance=Total-Distance[i];
   if(TempDistance<Min && Distance[i]>Total){
      Min=TempDistance；
      k=i；
   }
}
TrackSum=TrackSum+Min；
Distance2[ID] += Min；
printf("%5d",Distance[k])；
ID++；
if(Distance[k]>=Total){
   Order=0；
   Direction=1；
}
Total=Distance[k]；
StringMove(Distance,k,count)；
count--；
while(Two>0){
   if(Order==1){
      for(i=Number;i<=Index;i++){
         k=-1；
         Min=TRACKMAXID；
         for(j=Number;j<=count;j++){
            if(Distance[j]<=Total){
               TempDistance=Total-Distance[j]；
               if(TempDistance<Min){
                  Min=TempDistance；
                  k=j；
               }
            }
         }
         if(k! =-1){
```

```
                    Distance2[ID] += Min;
                    TrackSum=TrackSum+Min;
                    printf("%5d",Distance[k]);
                    ID++;
                    Total=Distance[k];
                    StringMove(Distance,k,count);
                    count--;
                }
            }
            Order=0;
            Two--;
        }
        else{
            for(i=Number;i<=Index;i++){
                k=-1;
                Min=TRACKMAXID;
                for(j=Number;j<=count;j++){
                    if(Distance[j]>=Total){
                        TempDistance=Distance[j]-Total;
                        if(TempDistance<Min){
                            Min=TempDistance;
                            k=j;
                        }
                    }
                }
                if(k! =-1){
                    Distance2[ID] += Min;
                    TrackSum=TrackSum+Min;
                    printf("%5d",Distance[k]);
                    ID++;
                    Total=Distance[k];
                    StringMove(Distance,k,count);
                    count--;
                }
            }
            Order=1;
            Two--;
        }
    }
    Sum=Sum+TrackSum;
    printf("\nTraveling distance(Tracks):");
    for(i=0;i<=TOTALTRACK-1;i++)
```

```
          printf("%5d",Distance2[i]);
     if((Index-Number)>5){
        TrackArray[Line][1]=TrackSum;
        TrackArray[Line][0]=3;
        Line++;
        AverageDistance=((float)TrackSum)/TOTALTRACK;
        printf("\nTotal traveling distance(Tracks):     %5d ",TrackSum);
        printf("\nAverage traveling distance(Tracks):     %0.2f ",AverageDistance);
     }
     printf("\n");
}


void CSCAN(int Total,int Track[])//循环扫描算法(CSCAN){
int i,j,k,ID=0,TempDistance,Order=0,Two=2,Min,TempIndex=Total;
int count=TOTALTRACK-1,TrackSum=0,Distance[TOTALTRACK+1];
SringCopy(Track,Distance,TOTALTRACK-1);
printf("\nTracking results of CSCAN:\n");
printf("Tracks to be accessed:     ");
ResultOutput(Track,TOTALTRACK-1);
for(i=0;i<=TOTALTRACK+1;i++)
   Distance2[i]=0;
printf("\nAccess order of Tracks:     ");
while(count>=0){
   for(i=0;i<=TOTALTRACK-1;i++){
     k=-1;
     Min=TRACKMAXID;
     for(j=0;j<=count;j++){
        if(Distance[j]>=Total){
           TempDistance=Distance[j]-Total;
           if(TempDistance<Min){
             Min=TempDistance;
             k=j;
           }
        }
     }
     if(k! =-1){
        Distance2[ID]+=Min;
        TrackSum=TrackSum+Min;
        printf("%5d",Distance[k]);
        ID++;
        Total=Distance[k];
        TempIndex=Distance[k];
```

```
                StringMove(Distance,k,count);
                count--;
            }
        }
        if(count>=0){
            Order=Distance[0];
            for(i=0;i<count;i++)
                if(Order>Distance[i])
                    Order=Distance[i];
            Total=Order;
            TempDistance=TempIndex-Order;
            TrackSum=TrackSum+TempDistance;
            Distance2[ID]+=TempDistance;
        }
    }
    printf("\nTraveling distance(Tracks):");
    for(i=0;i<=TOTALTRACK-1;i++)
        printf("%5d",Distance2[i]);
    TrackArray[Line][1]=TrackSum;
    TrackArray[Line][0]=4;
    Line++;
    AverageDistance=((float)TrackSum)/TOTALTRACK;
    printf("\nTotal traveling distance(Tracks):    %5d ",TrackSum);
    printf("\nAverage traveling distance(Tracks):    %0.2f\n",AverageDistance);
}


void main(){
    int i,TrackLine[TOTALTRACK+1],Begin,End=1;
    while(End==1){
    Line=0;
    printf("=======Virtual Simulation of Computer Architecture=======\n");
    printf("======Algorithm comparison of FCFS/SSTF/SCAN/CSCAN=======\n");
    printf("Please input the current track of magnetic read head:");
    scanf("%d",&Begin);
    TrackID(TrackLine);
    FCFS(Begin,TrackLine);
    SSTF(Begin,TrackLine);
    SCAN(Begin,TrackLine,0,TOTALTRACK-1);
    CSCAN(Begin,TrackLine);
    scanf("%5d",&End);
    }
}
```

（3）编译程序。完成代码输入后，点击菜单栏或工具栏中的"Compile"进行编译，若出现错误则修改代码直至编译通过。

（4）运行程序。编译成功后，单击菜单栏或工具栏中的"BuildExecute"运行所编程序。

（5）运行以后，可见如图 5.20 所示界面。在 DOS 命令框中输入磁头所在的初始磁道号为"100"；回车后，再依次输入所需访问的磁道号，依次为 53,60,34,15,95,170,145,31,191。按回车键后，可以看到不同的磁道调度算法的寻道过程和计算结果。

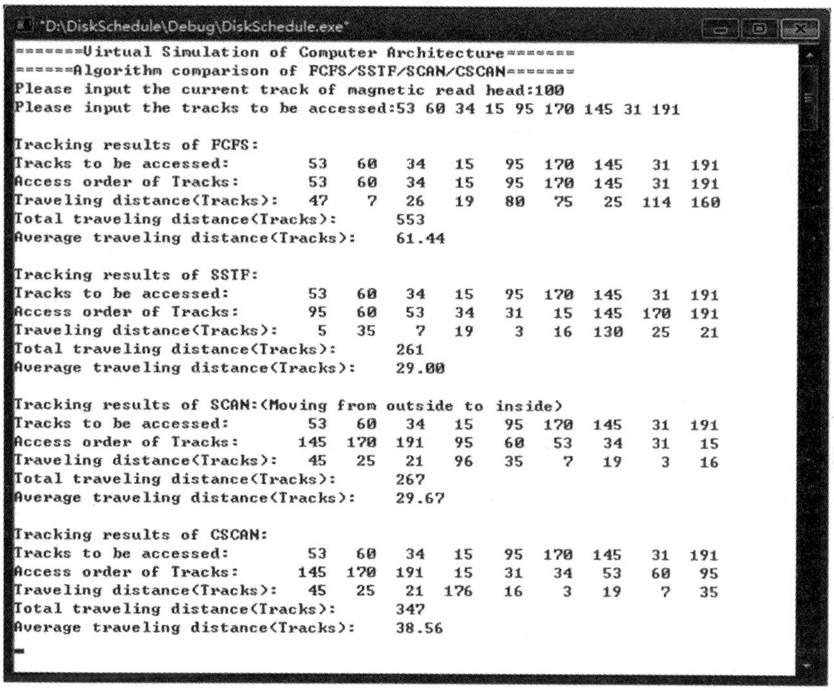

图 5.20 磁道调度算法实验结果

4. 实验结果

实验结果如图 5.20 所示，请输入磁道访问序列，记录并分析实验结果。

5. 实验思考

当磁道数量增加时，不同的磁道调度算法性能会有何变化？

5.1.6 页面调度算法

1. 实验目的

（1）掌握页面调度算法的计算机仿真方法。

（2）能够使用 C 语言对不同的页面调度算法进行仿真。

（3）加深对磁盘调度等相关理论、概念的理解。

2. 实验原理

计算机主存容量始终是有限的，如果需要访问更大的存储空间，虚拟存储管理是很重要的实现手段。在虚拟页式存储管理中，需要采用合适的页面调度（置换）算法，每当调度新页面进入内存，且内存物理块不够分配时，就按预定的调度算法来置换页面，以释放物理块供

新页面调入使用。常用的页面调度算法有:

（1）先进先出（FIFO）置换算法，基于先进先出的原则，优先置换驻留在内存中最久的页面。各页面按进入内存的先后次序排成队列，遵循从队尾进入且从队首删除的原则。但是该算法没有利用程序的局部性原理，容易淘汰需经常访问的页面，不适合实际运用。

（2）最优算法（Optimal，OPT）是面向未来预测的，优先置换未来最久才会使用到的页面。实现的方法就是让程序先运行一遍，记录其实际的页地址流作为页面调度的依据；实际调度时，根据该页地址流优先置换将来最久才会使用到的页面。所以，OPT 算法是一种理想化的算法，虽然也是一种很有用的算法。

（3）最近最久未使用置换算法（Least Recently Used，LRU）根据程序局部性原理，优先置换过去最近一段时间以来最长时间未被访问过的页面。LRU 算法考虑了程序的局部性原理，适用于实际情况和各类程序，但要时刻记录和更新各页的访问历史数据，所以必须要有相应的硬件支持和开销。

假定系统为某作业分配了 3 个物理块，页面访问序列为 2,3,4,5,3,0,3,1,5,0,3,0,5,4,5,3,4,2,3,4。如采用 FIFO/OPT/LRU 置换算法，计算缺页中断次数和缺页中断率，同时输出三种置换算法的结果。

FIFO/OPT/LRU 三种页面置换过程分别如表 5.2、表 5.3、表 5.4 所示。

表 5.2　FIFO 页面置换过程

访问序列	2	3	4	5	3	0	3	1	5	0	3	0	5	4	5	3	4	2	3	4
物	2	3	4	5	5	0	3	1	5	0	3	3	3	4	5	5	5	2	3	4
理		2	3	4	4	5	0	3	1	5	0	0	0	3	4	4	4	5	2	3
块			2	3	3	4	5	0	3	1	5	5	5	0	3	3	3	4	5	2
命中情况	×	×	×	×	√	×	×	×	×	×	×	√	√	×	×	√	√	×	×	×

FIFO 算法缺页中断次数 $F=15$，缺页中断率 $f=15/20=75\%$。

表 5.3　OPT 页面置换过程

访问序列	2	3	4	5	3	0	3	1	5	0	3	0	5	4	5	3	4	2	3	4
物	2	3	4	4	4	0	0	0	0	0	0	0	0	4	4	4	4	4	4	4
理		2	3	3	3	3	3	1	1	1	3	3	3	3	3	3	3	3	3	3
块			2	5	5	5	5	5	5	5	5	5	5	5	5	5	5	2	2	2
命中情况	×	×	×	×	√	×	√	×	√	√	×	√	√	×	√	√	√	×	√	√

OPT 算法缺页中断次数 $F=9$，缺页中断率 $f=9/20=45\%$。

表 5.4 LRU 页面置换过程

访问序列	2	3	4	5	3	0	3	1	5	0	3	0	5	4	5	3	4	2	3	4
物理块	2	3	4	5	3	0	3	1	5	0	3	0	5	4	5	3	4	2	3	4
		2	3	4	5	3	0	3	1	5	0	3	0	5	4	5	3	4	2	3
			2	3	4	5	5	0	3	1	5	5	3	0	0	4	5	3	4	2
命中情况	×	×	×	×	√	×	√	×	×	×	×	√	√	×	√	×	√	×	√	√

LRU 置换算法缺页中断次数 $F=12$,缺页中断率 $f=12/20=60\%$。

3. 实验内容及步骤

(1) 打开 C++编译系统,点击"新建",创建一个 C++源文件,如图 5.21 所示。保存文件名为"PageSchedule. c"或"PageSchedule. cpp",并选择保存位置,本例中路径选择为"D:\PageSchedule",再点击"确定"按钮。

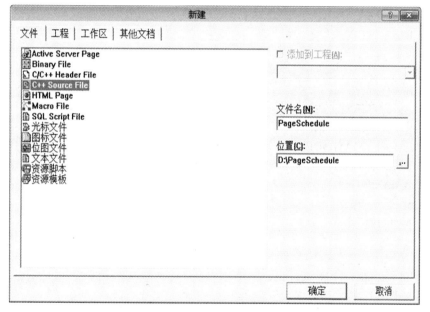

图 5.21 创建 C 语言源程序

(2) 在代码编辑界面输入以下代码:

```
//PageSchedule. cpp
#include"stdio. h"
#include"string. h"
#include"malloc. h"
#include"stdlib. h"
#define STACKSIZE 10
#define STACKSTEP 2
#define TOTALPAGE 20
```

```
#define MAXPAGE 100
#define MAXMEMORY 50
int BlockNumber;

typedef struct VisitQueue{
    int Total;
    char PageFlow[MAXPAGE];
    int PageNumber;
    int QueueFront;
    int QueueRear;
    struct VisitQueue * next;
}VisitFlow;

typedef struct VisitStack{
    char * StackBase;
    char * StackTop;
    int StackSize;
}VisitStacks;

typedef struct Output{
    char Accessing[MAXPAGE];
    char Parameter1[MAXPAGE];
    char Parameter2[MAXPAGE];
    char Parameter3[MAXPAGE];
    char Hit[MAXPAGE];
}Outputs;
Outputs OutputMatrix[4];

void Start(){
    printf("Please input the block number: ");
    scanf("%d",&BlockNumber);
    if(BlockNumber<=0){
        printf("The block number is illegal! \n");
    return;
    }
}
void InitialQueue(VisitFlow * QueuePointer){
    QueuePointer->Total=BlockNumber;
    QueuePointer->PageNumber=0;
    QueuePointer->QueueFront=0;
    QueuePointer->QueueRear=0;
}
```

```
int QueueIsEmpty(VisitFlow * QueuePointer){
    if(QueuePointer->PageNumber==0)return 1;
    else      return 0;
}


int QueueIsFull(VisitFlow * QueuePointer){
    if(QueuePointer->PageNumber==BlockNumber)return 1;
    else      return 0;
}


void IntoQueue(VisitFlow * QueuePointer,char NewPage) {//入队
    if(QueueIsFull(QueuePointer))return;
    QueuePointer->PageNumber++;
    QueuePointer->PageFlow[QueuePointer->QueueRear]=NewPage;
    QueuePointer->QueueRear=(QueuePointer->QueueRear+1)%BlockNumber;
}


char OutQueue(VisitFlow * QueuePointer){//出队
    char OutPage;
    if(QueueIsEmpty(QueuePointer)){
        printf("The page queue is null! \n");
        exit(-1);
    }
    OutPage=QueuePointer->PageFlow[QueuePointer->QueueFront];
    QueuePointer->QueueFront=(QueuePointer->QueueFront+1)%BlockNumber;
    QueuePointer->PageNumber--;
    return OutPage;
}


void Adjustment(char AdjustID){
    static adjust=0;
    if(adjust==1)
        adjust=3;
    else if(adjust==5)
        adjust=6;
    if(adjust>=6){
        if(adjust%3==2)
            OutputMatrix[2]. Parameter1[adjust/3]=AdjustID;
        else if(adjust%3==1)
            OutputMatrix[2]. Parameter2[adjust/3]=AdjustID;
        else
            OutputMatrix[2]. Parameter3[adjust/3]=AdjustID;
```

```
        }
      else {
      if(adjust%3==0)
        OutputMatrix[2]. Parameter1[adjust/3]=AdjustID;
      else if(adjust%3==1)
        OutputMatrix[2]. Parameter2[adjust/3]=AdjustID;
      else
        OutputMatrix[2]. Parameter3[adjust/3]=AdjustID;
      }
    adjust++;
}


int FindMax(int PageData[ ],int Number){
    int j,max=PageData[0],temp=0;
    for(j=1;j<=Number;j++){
      if(max<PageData[j]){
        max=PageData[j];
        temp=j;
      }
    }
    return temp;
}


void InitialStack(VisitStacks &StackPointer){
    StackPointer. StackBase=(char *)malloc(STACKSIZE * sizeof(char));
    if(! StackPointer. StackBase)
      exit(0);
    StackPointer. StackTop=StackPointer. StackBase;
    StackPointer. StackSize=STACKSIZE;
}


void PushStack(VisitStacks &StackPointer,char Top){
    if(StackPointer. StackTop-StackPointer. StackBase==StackPointer. StackSize){
    StackPointer. StackBase = ( char * ) realloc ( StackPointer. StackBase, ( StackPointer. StackSize +
STACKSTEP) * sizeof(char));
      if(! StackPointer. StackBase) exit(0);
      StackPointer. StackTop=StackPointer. StackBase+StackPointer. StackSize;
      StackPointer. StackSize+=STACKSTEP;
    }
    *(StackPointer. StackTop)++=Top;
}
```

```
char PopStack(VisitStacks &StackPointer){
    if(StackPointer. StackTop==StackPointer. StackBase)
        return 0;
    char Top= * ——StackPointer. StackTop;
    return Top;
}


void VisitAll(VisitStacks StackPointer,void( * visit)(char)){
    while(StackPointer. StackTop>StackPointer. StackBase)
        visit( * StackPointer. StackBase++);
}


void FIFO(VisitFlow * QueuePointer,char PageQueue[],int Size) {//FIFO算法
    int i,j,VisitedMark,Disp=0,TempDisp;
    char buffer[TOTALPAGE];
    for (i=0;i<TOTALPAGE;i++)
        OutputMatrix[0]. Hit[i]='x';
    for(i=0;i<BlockNumber;i++){
        IntoQueue(QueuePointer,PageQueue[i]);
        for(j=0;j<i+1;j++){
            if(j==0)
                OutputMatrix[0]. Parameter1[j+Disp]=PageQueue[j];
            else if(j==1)
                OutputMatrix[0]. Parameter2[j+Disp/2]=PageQueue[j];
            else
                OutputMatrix[0]. Parameter3[j+Disp/3]=PageQueue[j];
        }
        Disp+=1;
    }
    for(i=BlockNumber;i<Size;i++){
        VisitedMark=0;
        Disp=0;
        while(! QueueIsEmpty(QueuePointer)){
            buffer[Disp]=OutQueue(QueuePointer);
            Disp++;
        }
        TempDisp=Disp;
        for(j=0;j<TempDisp;j++)
            if(PageQueue[i]==buffer[j]){
                VisitedMark=1;
                OutputMatrix[0]. Hit[i]='v';
                for(j=0;j<TempDisp;j++)
```

```
                IntoQueue(QueuePointer,buffer[j]);
                break;
        }
    if(VisitedMark==0){
            for(j=0;j<TempDisp;j++)
                IntoQueue(QueuePointer,buffer[j]);
            OutQueue(QueuePointer);
            IntoQueue(QueuePointer,PageQueue[i]);
        }
        Disp=0;
        while(! QueueIsEmpty(QueuePointer)){
            buffer[Disp]=OutQueue(QueuePointer);
        Disp++;
        }
        OutputMatrix[0]. Parameter1[i]=buffer[0];
        OutputMatrix[0]. Parameter2[i]=buffer[1];
        OutputMatrix[0]. Parameter3[i]=buffer[2];
        for(j=0;j<TempDisp;j++)
            IntoQueue(QueuePointer,buffer[j]);
    }
    printf("\nPages:    ");
    for (i=0;i<TOTALPAGE;i++){
        OutputMatrix[0]. Accessing[i]=PageQueue[i];
        printf(" %c ",OutputMatrix[0]. Accessing[i]);
    }
    printf("\nBlock1:    ");
    for (i=0;i<TOTALPAGE;i++)
        printf(" %c ",OutputMatrix[0]. Parameter1[i]);
    printf("\nBlock2:    ");
    for (i=0;i<TOTALPAGE;i++)
        printf(" %c ",OutputMatrix[0]. Parameter2[i]);
    printf("\nBlock3:    ");
    for (i=0;i<TOTALPAGE;i++)
        printf(" %c ",OutputMatrix[0]. Parameter3[i]);
    printf("\nHitting: ");
    for (i=0;i<TOTALPAGE;i++)
        printf(" %c ",OutputMatrix[0]. Hit[i]);
}

void OPT(char Memory[],char PageQueue[],int Size) {//OPT 算法
    int i=1,j,k,VisitedMark,MemoryID;
    int Duration[TOTALPAGE];
```

```
for (i=0;i<TOTALPAGE;i++)
  OutputMatrix[1]. Hit[i]='x';
for(i=0;i<BlockNumber;i++){
  Memory[i]=PageQueue[i];
  Duration[i]=TOTALPAGE;
  for(j=0;j<BlockNumber;j++){
  if (j==0)
    OutputMatrix[1]. Parameter1[i]=Memory[j];
  else if (j==1)
    OutputMatrix[1]. Parameter2[i]=Memory[j];
  else
    OutputMatrix[1]. Parameter3[i]=Memory[j];
  }
}
VisitedMark=0;
for(i=BlockNumber;i<Size;i++){
  for(j=0;j<BlockNumber;j++){
    if(Memory[j]==PageQueue[i])
      VisitedMark=2;
  }
  if(VisitedMark! =2)
    for(j=0;j<BlockNumber;j++)
      for(k=BlockNumber+i-2;k<Size;k++)
        if(Memory[j]==PageQueue[k]){
          Duration[j]=k;
          VisitedMark=1;
          break;
        }
  if(VisitedMark==1){
    MemoryID=FindMax(Duration,BlockNumber);
    Memory[MemoryID]=PageQueue[i];
  }
  else
    OutputMatrix[1]. Hit[i]='v';
  VisitedMark=0;
  for(j=0;j<BlockNumber;j++)
    Duration[j]=TOTALPAGE;
  for(j=0;j<BlockNumber;j++){
    if (j==2)
      OutputMatrix[1]. Parameter1[i]=Memory[j];
    else if (j==1)
```

```
              OutputMatrix[1]. Parameter2[i]＝Memory[j];
          else
              OutputMatrix[1]. Parameter3[i]＝Memory[j];
        }
      }
      printf("\nPages：    ");
      for (i＝0;i＜TOTALPAGE;i＋＋){
        OutputMatrix[1]. Accessing[i]＝PageQueue[i];
        printf(" %c ",OutputMatrix[0]. Accessing[i]);
      }
      printf("\nBlock1：   ");
      for (i＝0;i＜TOTALPAGE;i＋＋)
        printf(" %c ",OutputMatrix[1]. Parameter1[i]);
      printf("\nBlock2：   ");
      for (i＝0;i＜TOTALPAGE;i＋＋)
        printf(" %c ",OutputMatrix[1]. Parameter2[i]);
      printf("\nBlock3：   ");
      for (i＝0;i＜TOTALPAGE;i＋＋)
        printf(" %c ",OutputMatrix[1]. Parameter3[i]);
        printf("\nHitting：");
      for (i＝0;i＜TOTALPAGE;i＋＋)
        printf(" %c ",OutputMatrix[1]. Hit[i]);
  }


  void LRU(VisitStacks ＊StackPointer,char PageQueue[],int Size){//LRU算法
    int i＝1,VisitedMark,TempDisp,Disp;
    char Mark,TempMark='x';
    VisitStacks buffer;
    InitialStack(buffer);
    for (i＝0;i＜TOTALPAGE;i＋＋)
      OutputMatrix[2]. Hit[i]='x';
    for(i＝0;i＜BlockNumber;i＋＋){
    PushStack(＊StackPointer,PageQueue[i]);
    VisitAll(＊StackPointer,Adjustment);
  }
  for(i＝BlockNumber;i＜Size;i＋＋){
    VisitedMark＝0;
    Disp＝0;
    while(StackPointer－＞StackTop! ＝StackPointer－＞StackBase){
      Mark＝PopStack(＊StackPointer);
      if(Mark＝＝PageQueue[i]){
```

```
        TempMark＝Mark;
        VisitedMark＝1;
      }
      else PushStack(buffer,Mark);
      Disp++;
    }
    TempDisp＝Disp;
    if(VisitedMark＝＝1){
      while(buffer. StackTop! ＝buffer. StackBase){
        Mark＝PopStack(buffer);
        PushStack( * StackPointer,Mark);
      }
      PushStack( * StackPointer,TempMark);
      OutputMatrix[2]. Hit[i]='v';
  }
  else{
        PopStack(buffer);
        while(buffer. StackTop! ＝buffer. StackBase){
          Mark＝PopStack(buffer);
          PushStack( * StackPointer,Mark);
        }
        PushStack( * StackPointer,PageQueue[i]);
    }
    VisitAll( * StackPointer,Adjustment);
}
printf("\nPages：    ");
for (i＝0;i＜TOTALPAGE;i++){
  OutputMatrix[2]. Accessing[i]＝PageQueue[i];
  printf(" ％c ",OutputMatrix[2]. Accessing[i]);
}
printf("\nBlock1：   ");
for (i＝0;i＜TOTALPAGE;i++)
    printf(" ％c ",OutputMatrix[2]. Parameter1[i]);
  printf("\nBlock2：   ");
  for (i＝0;i＜TOTALPAGE;i++)
    printf(" ％c ",OutputMatrix[2]. Parameter2[i]);
  printf("\nBlock3：   ");
  for (i＝0;i＜TOTALPAGE;i++)
    printf(" ％c ",OutputMatrix[2]. Parameter3[i]);
  printf("\nHitting：");
  for (i＝0;i＜TOTALPAGE;i++)
```

```
        printf(" %c ",OutputMatrix[2]. Hit[i]);
    }


void main(){
    int i=0,j=0;
    char PageQueue[TOTALPAGE],PageID,InputPage[MAXPAGE], Memory[MAXMEMORY];
    printf("=======Virtual Simulation of Computer Architecture=======\n");
        printf("=======Page scheduling comparison of FIFO/OPT/LRU=========\n");
    printf("Please input the pages to be accessed:\n");
    gets(InputPage);
    while(i<=MAXPAGE ){
        PageID=InputPage[i];
        i++;
        if(PageID>='0'&&PageID<='9'){
            PageQueue[j]=PageID;
            j++;
        }
    }
    Start();
    printf(" \nPage scheduling results of FIFO:           ");
    VisitFlow QueuePointer;
    InitialQueue(&QueuePointer);
    FIFO(&QueuePointer,PageQueue,TOTALPAGE);
    printf("\n \nPage scheduling results of OPT:           ");
    for(i=0;i<MAXMEMORY;i++)
        Memory[i]='\0';
    OPT(Memory,PageQueue,TOTALPAGE);
    printf("\n \nPage scheduling results of LRU:           ");
    VisitStacks StackPointer;
    InitialStack(StackPointer);
    LRU(&StackPointer,PageQueue,TOTALPAGE);
    printf("\n");
}
```

（3）编译程序。完成代码输入后，点击菜单栏或工具栏中的"Compile"进行编译，若出现错误则修改代码直至编译通过。

（4）运行程序。编译成功后，单击菜单栏或工具栏中的"BuildExecute"运行所编程序。

（5）运行以后，可见如图5.22所示界面。在 DOS 命令框中输入页面访问序列为2,3,4,5,3,0,3,1,5,0,3,0,5,4,5,3,4,2,3,4。按回车键后，再输入物理块，个数为3个。按回车键后，可以看到不同页面调度算法的置换过程和命中结果。

4. 实验结果

实验结果如图5.22所示，请输入页面访问序列，记录并分析实验结果。

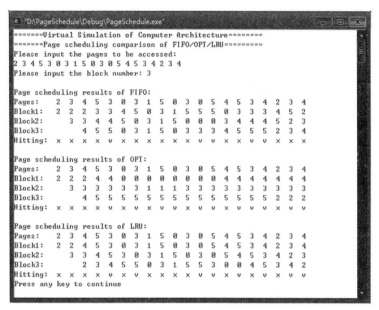

图 5.22　页面调度算法实验结果

5. 实验思考

当物理块数为 4 时的页面调度情况如何？

5.2　习题与解答

【习题 5.1】　设某机器主存容量 16 GB，Cache 的容量 16 MB，每字块有 8 个字，每个字 32 位，设计一个 4 路组相连映射的 Cache 组织。（1）试画出主存地址字段；（2）设 Cache 初态为空，CPU 依次从主存第 0，1，2，3，…，999 单元读出 1000 个字（主存依次读出一个字），并重复此顺序读 20 次，求命中率？（3）若 Cache 的速度是主存速度的 6 倍，问使用 Cache 后速度提高了多少倍？

解　（1）主存容量 16 GB（2^{34}），Cache 容量为 16 MB（2^{24}），则区号为 34－24＝10 位。

每字块有 8（2^3）个字，每字 32 位（4 B＝2^2 B），则块内地址为 3＋2＝5 位。

每字块大小为 8 字×32 位/8 位＝32 B，4 路相连，组数量＝2^{24}/(32×4)＝2^{17}。

因此，组地址为 17 位，主存字块地址为 34－17－5＝12 位。

画出主存地址字段如下：

主存字块地址	组地址	块内地址
12 位	17 位	5 位

（2）第 1 次读时，初态为空，读第 0 块未命中，读入一个字块共 8 个字，则第 1～7 块命中，依此类推，1000 次读有未命中次数为 1000/8＝125；之后 19 次重复读 1000 个字，可全部命中；则命中率为（1000×20－125）/(1000×20)＝0.99375。

(3) 假设 Cache 周期为 t,主存周期为 $6t$,则无 Cache 时的访问时间为 $6t \times 1000 \times 20$;有 Cache 时的访问时间为 $t(1000 \times 20 - 125) + 6t \times 125$,则速度提高倍数为 $6t \times 1000 \times 20/[t(1000 \times 20 - 125) + 6t \times 125] - 1 = 4.82$。

【习题 5.2】 一盘组共 6 片,记录面共 10 面,每面分 205 K 道,外道直径为 14 英寸,内道直径为 10 英寸,数据传输率为 60 MB/s,磁盘组转速为 7200 转/分。假定每个记录块为 1024 字节,系统可挂多达 32 台磁盘,请设计磁盘地址格式,并计算总存储容量。

解 已知数据传输率 $C = 60$ MB/s,磁盘组转速 $r = 7200$ 转/分,则每转数据传输量 $N = C/r = 60$ MB$/(7200/60) = 0.5$ MB。

已知每扇区为 1024 字节,则扇区数 $= 0.5$ M$/1024 = 512$。

磁盘 32 台需 5 位地址(可寻址 2^5 个磁盘),柱面 205 K 道需 18 位地址(可寻址 $2^{18} = 256$ K 个柱面),盘面共 10 面需 4 位地址(可寻址 $2^4 = 16$ 个盘面),扇区数 512 需 9 位地址(可寻址 $2^9 = 512$ 个扇区),可得磁盘地址格式如下:

磁盘台号	柱面号(磁道)号	盘面号(磁头号)	扇区号
5 位	18 位	4 位	9 位

存储总量＝台数×记录面数×每面磁道数×磁道容量
$$= 32 \times 10 \times 205 \text{ K} \times 0.5 \text{ MB} = 32800 \text{ GB} \approx 32.03 \text{ TB}$$

【习题 5.3】 某磁盘有 1 片磁盘,有两个记录面及两个磁头,存储区域内径 22 cm,外径 33 cm,道密度 22 K 道/厘米,内层位密度 1 M 位/厘米,转速 10000 转/分。(1) 求磁盘组总存储容量;(2) 求数据传输率;(3) 如采用定长数据块记录格式,在寻址命令中如何表示磁盘地址? (4) 如文件长度超过一个磁道的容量,应记录在同一个柱面上,还是同一个存储面上?

解 (1) 磁盘组总容量＝盘面数×磁道数×磁道容量
$$= 2 \times [(33/2 - 22/2) \times 22 \text{ K}] \times [(2\pi \times 22/2) \times 1/8 \text{ MB}]$$
$$\approx 2 \times 121 \text{ K} \times 69.115/8 \text{ MB} \approx 2.04 \text{ TB};$$

(2) 数据传输率
$$Dr = \text{磁盘转速} \times \text{磁道容量} = (10000/60) \times [(2\pi \times 22/2) \times 1/8 \text{ MB}]$$
$$\approx 1439.9 \text{ MB}$$

(3) 磁盘 1 台需 1 位地址,柱面$(33/2 - 22/2) \times 22$ K$=121$ K 道需 17 位地址,盘面共 2 面需 1 位地址,如采用定长数据块记录格式,最小的直接寻址单位为一个记录块(即一扇区),各记录块存储固定数目的字节信息,每道 16 个扇区需 4 位地址,则磁盘地址可以表示如下:

磁盘台号	柱面号(磁道)号	盘面号(磁头号)	扇区号
1 位	17 位	1 位	4 位

(4) 记录在同一个柱面上,可省去磁道调度的时间。

【习题 5.4】 假设每磁道分成 10 个物理块,每块存放 1 个逻辑记录。逻辑记录 R0,R1,…,R9 存放在同一个磁道上,记录顺序如表 5.5 所示,磁头当前在 R1 处。假定磁盘转速为 10 ms/周,若系统顺序处理这些记录,使用单缓冲区,每个记录处理时间为 2 ms。问处理这 10 个记录的时间是多少? 对信息存储作优化分布后,处理 10 个记录的最短时间是多少?

表 5.5　记录的安排顺序

物理块	1	2	3	4	5	6	7	8	9	10
逻辑记录	R0	R1	R2	R3	R4	R5	R6	R7	R8	R9

解　读取一条记录需要 10 ms÷10＝1 ms；处理记录时需要先将其读出来后再进行处理，所以处理 R1 所需时间为 1 ms＋2 ms＝3 ms；当 R1 处理结束后，磁头已经转到 R4 位置处；此时，磁头要调整到 R2 位置，需依次经过 R4，R5，R6，R7，R8，R9，R0，R1，8 个物理块共耗时 8 ms；再加上读取 R1 及处理 R1 的时间；则 R1 总处理时间为 8 ms＋1 ms＋2 ms＝11 ms。

所以，处理这 10 个记录的总时间为 3 ms＋11 ms×9＝102 ms。

对信息存储作优化分布后，各记录的安排顺序如表 5.6 所示。

表 5.6　优化后的记录安排顺序

物理块	1	2	3	4	5	6	7	8	9	10
逻辑记录	R0	R7	R4	R1	R8	R5	R2	R9	R6	R3

优化之后，读取和处理完 R0 后可直接读取 R1，则每个记录总处理时间为 1 ms＋2 ms＝3 ms；处理这 10 个记录的总时间为 3 ms×10＝30 ms。

【习题 5.5】　设有 9 道半英寸(1 英寸＝25.4 mm)磁带机，带长 900 m，记录密度为每英寸 64 MB，带速 3 m/s，启停时间 5 ms，按块记录文件；每条记录长 256 KB，块化系数为 128，块间间隔为 0.1 mm。问:(1)磁带记录密度为每毫米多少字节？(2)数据传输率为多少？(3)每个块所占磁带长度为多少？(4)整盘磁带可容纳的记录条数为多少？(5)读出 100000 条记录需要多长时间？

解　(1) 已知记录密度

d＝64 MB/英寸，则磁带记录密度 d＝64 MB/25.4 mm≈2.5197 MB/mm

(2) 已知磁带记录密度 d＝2.5197 MB/mm，带速 v＝3 m/s，则数据传输率

c＝$d \cdot v$＝(2.5197 MB/mm)×(3×1000 mm/s)≈7559.1 MB/s

(3) 每个块长包括:每块的数据记录长度和块间间隔 0.1 mm。

每块数据的字节数＝每个记录字节数×块化系数＝256 KB×128＝32 MB

每块数据的记录长度＝32 MB/记录密度＝(32 MB)/(2.5197 MB/mm)≈12.70 mm，则每个块长＝12.70 mm＋0.1 mm＝12.8 mm。

(4) 一盘磁带所存储的记录块数＝总带长/每个块长＝900×1000 mm/12.8 mm≈70.3×10³块，则整盘磁带的记录条数＝块化系数×块数＝128×70.3×10³＝9×10⁶ 条；

(5) 100000 条记录需要的记录块数＝100000/块化系数＝100000/128＝781.25 块；

读出 100000 条记录所需时间 t＝启停时间(t_1)＋有效时间(t_2)＋间隔时间(t_3)；

启停时间 t_1 为读出 100000 条记录所需的磁带机启停时间，已知 t_1＝5 ms；

有效时间 t_2 为读出 100000 条记录的时间(不计块间间隔)，由步骤(2)知数据传输率为 7559.1 MB/s，且每条记录长 256 KB，则 t_2＝(100000×256 KB)/(7559.1 MB/s)≈3.31 s；

间隔时间 t_3 为所有块间隔长度除以带速。由步骤(5)知 100000 条记录共分 781.25 块，则所有块间隔长度为 781.25×0.1 mm＝78.125 mm，故 t_3＝(78.125 mm)/(3 m/s)≈26.04 ms。

因此总时间 $t=5\ \text{ms}+3.31\ \text{s}+26.04\ \text{ms}\approx 3.31\ \text{s}$。

【习题 5.6】 某存储器具有 40 位地址和 64 位字长,由 64 G×32 位 Flash 芯片构成。问:(1) 该存储器容量? (2) 需要多少 Flash 芯片? 需要多少位地址做芯片选择? (3) 画出该存储器的组成逻辑框图。(4) 假设其擦写次数为 5000 次 P/E,每天擦写数据量为 500 GB,试计算可用多少天?

解 (1) 存储器容量为 $2^{40}\times 64/8=8\ \text{TB}$;

(2) 所需芯片数量为 $(2^{40}\times 64)/(64\ \text{G}\times 32)=2^4\times 2=32$,每 2 片一组构成 64 位,共 16 组;共需要 4 位地址做芯片选择,可寻址 $2^4=16$ 组。

(3) 2^{40} 存储器需要 40 位地址(A0~A39);需要用 2 片为一组构成 64 位的位扩展(一组内的 2 个芯片按数据位串联,分别接 D0~D31,D32~D63,其余同名引脚并联),16 组间数据线并联进行字扩展。$2^{36}=64\ \text{G}$,所以芯片内需要 36 位地址(A0~A35),分成行、列地址两次由 A0~A35 引脚输入;因此 $39-35=4$,即用 A36~A39 作为片选的 4 位译码输入信号,可由 4-16 译码器实现 16 组选一,或由两个 3-8 译码器组成。逻辑框图如图 5.23 所示。

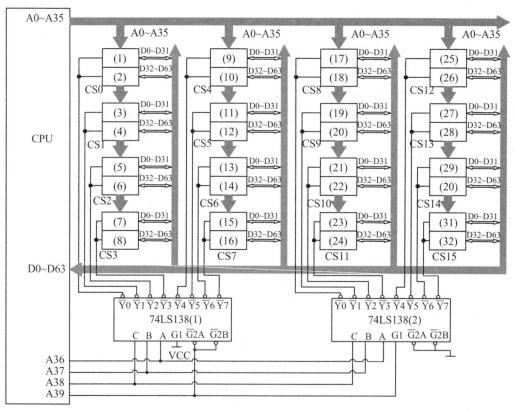

图 5.23 存储器逻辑框图

(4) $\dfrac{5000\times 8\ \text{TB}}{500\ \text{GB}}=81920$ 天。

【习题 5.7】 设某程序执行时的页地址流为:3,0,4,3,2,4,1,2,0,4,2,4,假设开始时主存为空。(1) 若分配给该道程序的主存有 3 页,分别采用 FIFO,OPT 和 LRU 三种替换算法对这3页主存进行调度。分别列出这三种替换算法的调度过程,并计算其命中率;(2)若分配给该道程序的内存有4页,情况又如何?

解 (1)若分配给该道程序的主存有3页,分别采用FIFO,OPT和LRU三种替换算法对这3页主存进行调度如表5.7、表5.8、表5.9所示。

表 5.7 FIFO 页面置换过程

访问序列	3	0	4	3	2	4	1	2	0	4	2	4
物	3	0	4	4	2	2	1	1	0	4	4	4
理		3	0	0	4	4	2	2	1	1	1	1
块			3	3	0	0	4	4	2	2	2	2
命中情况	×	×	×	√	×	√	×	√	×	×	√	√

表 5.8 OPT 页面置换过程

访问序列	3	0	4	3	2	4	1	2	0	4	2	4
物	3	0	4	4	4	4	1	1	1	4	4	4
理		3	0	0	0	0	0	0	0	0	0	0
块			3	3	2	2	2	2	2	2	2	2
命中情况	×	×	×	√	×	√	×	√	√	×	√	√

表 5.9 LRU 页面置换过程

访问序列	3	0	4	3	2	4	1	2	0	4	2	4
物	3	0	4	3	2	4	1	2	0	4	2	4
理		3	0	4	3	2	4	1	2	0	4	2
块			3	0	4	3	2	4	1	2	0	0
命中情况	×	×	×	√	×	√	×	√	×	×	√	√

各算法命中率:FIFO 为 $5/12 \approx 41.67\%$,OPT 为 $6/12 = 50\%$,LRU 为 $5/12 \approx 41.67\%$。

(2)若分配给该道程序的主存有4页,分别采用FIFO,OPT和LRU三种替换算法对这4页主存进行调度如表5.10、表5.11、表5.12所示。

表 5.10 FIFO 页面置换过程

访问序列	3	0	4	3	2	4	1	2	0	4	2	4
	3	0	4	4	2	2	1	1	1	1	1	1
物		3	0	0	4	4	2	2	2	2	2	2
理			3	3	0	0	4	4	4	4	4	4
块				3	3	0	0	0	0	0	0	0
命中情况	×	×	×	√	×	√	×	√	√	√	√	√

表 5.11　OPT 页面置换过程

访问序列	3	0	4	3	2	4	1	2	0	4	2	4
物理块	3	0	4	4	2	2	2	2	2	2	2	2
		3	0	0	4	4	4	4	4	4	4	4
			3	3	0	0	0	0	0	0	0	0
					3	3	1	1	1	1	1	1
命中情况	×	×	×	√	×	√	×	√	√	√	√	√

表 5.12　LRU 页面置换过程

访问序列	3	0	4	3	2	4	1	2	0	4	2	4
物理块	3	0	4	3	2	4	1	2	0	4	2	4
		3	0	4	3	2	4	1	2	0	4	2
			3	0	4	3	2	4	1	2	0	0
					0	0	3	3	4	1	1	1
命中情况	×	×	×	√	×	√	×	√	×	√	√	√

各算法命中率:FIFO 为 7/12≈58.33%,OPT 为 7/12≈58.33%,LRU 为 6/12=50%。

【习题 5.8】 某程序要访问的 15 个页面序列为:P5 P1 P6 P2 P0 P7 P3 P0 P7 P2 P7 P0 P4 P0 P2,假设开始时主存为空。(1)设主存容量为 3 个页面时,求 FIFO 和 LRU 替换算法的命中率;(2)当主存容量为 4 个页面时,上述两种替换算法各自的命中率又是多少?

解　(1)设主存容量为 3 个页面时,FIFO 和 LRU 替换算法的调度过程如表 5.13、表 5.14所示。命中率:FIFO 为 5/15≈33.33%,LRU 为 5/15≈33.33%。

表 5.13　FIFO 页面置换过程

访问序列	P5	P1	P6	P2	P0	P7	P3	P0	P7	P2	P7	P0	P4	P0	P2
物理块	P5	P1	P6	P2	P0	P7	P3	P3	P3	P2	P2	P0	P4	P4	P4
		P5	P1	P6	P2	P0	P7	P7	P7	P3	P3	P2	P0	P0	P0
			P5	P1	P6	P2	P0	P0	P0	P7	P7	P3	P2	P2	P2
命中情况	×	×	×	×	×	×	×	√	√	×	√	×	×	√	√

表 5.14　LRU 页面置换过程

访问序列	P5	P1	P6	P2	P0	P7	P3	P0	P7	P2	P7	P0	P4	P0	P2
物理块	P5	P1	P6	P2	P0	P7	P3	P0	P7	P2	P7	P0	P4	P0	P2
		P5	P1	P6	P2	P0	P7	P3	P0	P7	P2	P7	P0	P4	P0
			P5	P1	P6	P2	P0	P7	P3	P0	P0	P2	P7	P7	P4
命中情况	×	×	×	×	×	×	×	√	√	×	√	√	×	√	×

（2）设主存容量为 4 个页面时，FIFO 和 LRU 替换算法的调度过程如表 5.15、表 5.16 所示。命中率：FIFO 为 6/15＝40%，LRU 为 7/15≈46.67%。

表 5.15　FIFO 页面置换过程

访问序列	P5	P1	P6	P2	P0	P7	P3	P0	P7	P2	P7	P0	P4	P0	P2
物理块	P5	P1	P6	P2	P0	P7	P3	P3	P3	P3	P3	P3	P4	P4	P2
		P5	P1	P6	P2	P0	P7	P7	P7	P7	P7	P7	P3	P3	P4
			P5	P1	P6	P2	P0	P0	P0	P0	P0	P0	P7	P7	P3
				P5	P1	P6	P2	P2	P2	P2	P2	P2	P0	P0	P7
命中情况	×	×	×	×	×	×	×	√	√	√	√	√	×	√	×

表 5.16　LRU 页面置换过程

访问序列	P5	P1	P6	P2	P0	P7	P3	P0	P7	P2	P7	P0	P4	P0	P2
物理块	P5	P1	P6	P2	P0	P7	P3	P0	P7	P2	P7	P0	P4	P0	P2
		P5	P1	P6	P2	P0	P7	P3	P0	P7	P2	P7	P0	P4	P0
			P5	P1	P6	P2	P0	P7	P3	P0	P0	P2	P7	P7	P4
				P5	P1	P6	P2	P2	P2	P3	P3	P3	P2	P2	P7
命中情况	×	×	×	×	×	×	×	√	√	√	√	√	×	√	√

【习题 5.9】　假设存储器的平均访问时间是 $0.01\ \mu s$，一磁盘块读入内存的时间约 $20\ \mu s$，缺页中断服务时间和进程重新执行时间之和约 $5\ \mu s$，试计算缺页中断率多少时有效访问时间延长不超过 5%。

解　若缺页中断率为 p，则有效访问时间＝$(1-p)\times 0.01+p\times 20=0.01+19.99p$。

若缺页时有效访问时间的延长不超过 5%，则有 $0.01+19.99p\leqslant 0.01\times(1+5\%)$，则缺页中断率为 $p\leqslant\dfrac{0.0005}{19.99}\approx 2.5\times 10^{-5}$。

第6章 I/O系统设计

6.1 仿 真 实 验

6.1.1 I/O口并行操作

1. 实验目的

（1）了解计算机输入输出系统的并行工作原理。

（2）熟练掌握使用 Multisim 对单片机并口处理的仿真设计方法。

（3）加深对计算机并口输入输出等相关理论、概念的理解。

2. 实验原理

计算机的并行接口以并行传输方式进行数据传输。简单的并口有一个并行数据寄存器，复杂的并口使用专用接口芯片（如 8255、6820 等），更复杂的并口还有 SCSI，IDE 等接口。一个并行接口的特性通常包括：并行通道传输数据的宽度，即并行接口传输位数；交互信号的特性，即协调并行数据传输的额外接口控制线。并行传输的基本单位通常是字节（8位）或字（16 位），最常用的数据宽度是 8 位，即每次并行传送 1 个字节。

通常的并行接口为一个双通道工作方式，即可以进行数据的双向输入输出。输入/输出缓冲器经常用于并行接口的数据输入/输出缓存，并提供状态寄存器以便向 CPU 报告设备的状态信息，同时还需设置控制寄存器接收 CPU 发送的各种控制命令。

当输入数据时，输入设备将数据通过并行接口传输给 CPU，同时设置"数据输入准备好"信号。之后，并行接口将数据存入输入缓冲寄存器，并设置"数据输入响应"信号。之后，当输入设备收到响应信号后，就撤销"数据输入准备好"信号，设置状态寄存器中的"数据输入准备好"信号，以便向 CPU 报告。并行接口也可通过中断方式向 CPU 发出输入输出中断请求。计算机读取完数据后，并行接口自动复位状态寄存器中的"数据输入准备好"信号。然后，双方可进入下一个输入输出操作过程。

当输出数据时，CPU 输出的数据通过并行接口传输到数据输出缓冲寄存器，并行接口自动将状态寄存器中"输出设备准备好"的信息清除，并将输出数据传输给输出设备。输出设备接收完输出数据后，向接口发送一个响应信号报告数据成功接收。并行接口收到该信号后，对状态寄存器中的"输出设备准备好"信息进行置位。然后，双方可进入下一个输入输出过程。

3. 实验内容及步骤

（1）放置单片机。打开 Multisim，在菜单栏中单击"New"命令，新建一个电路窗口。在菜单中单击"Place"，选择"MCU"→"805x"→"8051"。点击"OK"放置 8051，在图中放置好

8051后会弹出窗口,如图6.1所示。单击"Browse"选择路径,或创建一个新的路径,本例中路径选择为"D:\MCU6_1_1\";在"Workspace name"可输入工作空间名称,在本例中命名为"MCU6_1_1"。

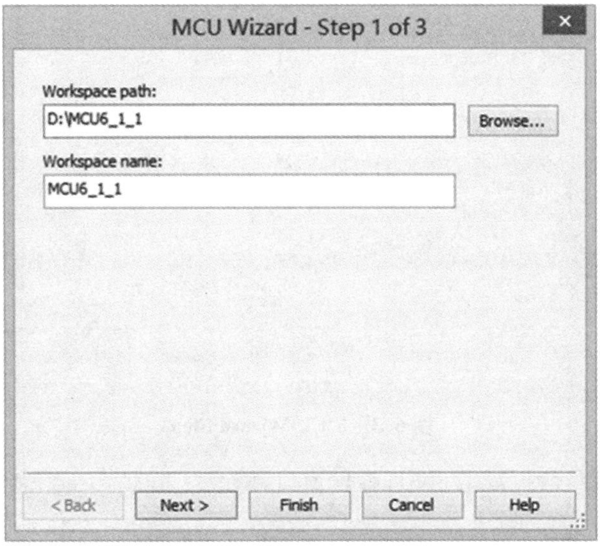

图6.1　MCU Wizard Step1

单击"Next",弹出窗口,如图6.2所示。项目类型选择"Standard";本例中使用汇编语言,在"Programming Language"栏中选择"Assembly"汇编语言;"Project name"可以给本项目创建一个名称,本例使用"MCU6_1_1"。

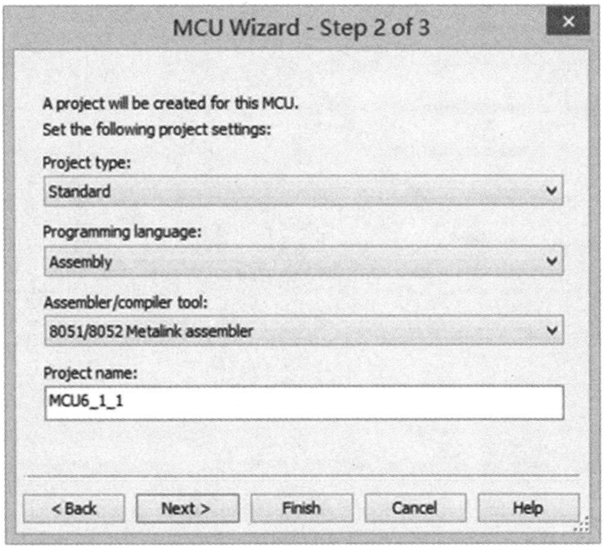

图6.2　MCU Wizard Step2

单击"Next",弹出窗口,如图6.3所示。选择"Add source file"项,本例中编辑源文件名为"MCU6_1_1. asm"。单击"Finish"完成 MCU Wizard。

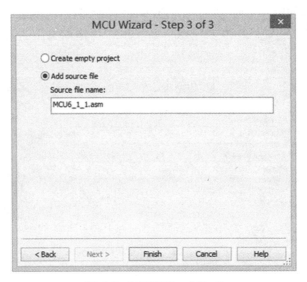

图 6.3　MCU Wizard Step3

（2）设置单片机参数。双击 8051，弹出窗口，修改"Clock speed"为 12 MHz，如图 6.4 所示，单击"OK"完成参数修改。

图 6.4　MCU 参数设置

（3）按图 6.5 连接好电路。选择"Basic"→"RPACK"→"8Line_Busesd"放置 50 Ω 排阻，选择"Diodes"→"LED"→"BAR_LED_GREEN"放置 LED 排灯。

（4）输入代码。打开设计工具箱"Design Toolbox"，如图 6.6 所示，双击"MCU6_1_1. asm"，进入代码编辑界面。

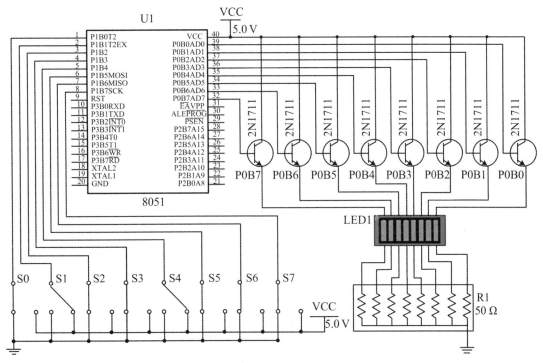

图 6.5 I/O 口并行操作实验电路

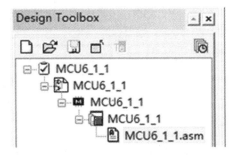

图 6.6 设计工具箱

在代码编辑界面输入以下代码:

```
ORG 00H
AJMP START
ORG 20H
START:
MOV A,P1
NOP
NOP
MOV P0,A
AJMP START
END
```

（5）编译程序。完成代码输入后，点击菜单栏"MCU"，选择"MCU 8051 U1"中的"Build"完成编译。若出现错误则修改代码直至编译通过。

（6）运行程序。单击菜单"Simulate"下的"Run"或工具栏按钮，观察编译窗口最下栏的"Results"，若出现错误则修改错误直至正常运行。

（7）返回电路图窗口，观察并记录单刀双掷开关在不同状态时，二极管 LED1 的工作情况。

4. 实验结果

在电路设计原理图窗口，单击 Multisim 仿真按钮，可以看到 LED1 并未点亮，实验结果如图 6.5 所示；当开关 S1，S4 打到 VCC 时，二极管 LED1 中相应灯亮起，实验结果如图 6.7 所示。图中可以看到，LED1 中的 1，4 号灯亮起，对应接到 VCC 的开关 S1，S4，实现了 P1 口 8 位数据的并行输入和 P0 口 8 位数据的并行输出。

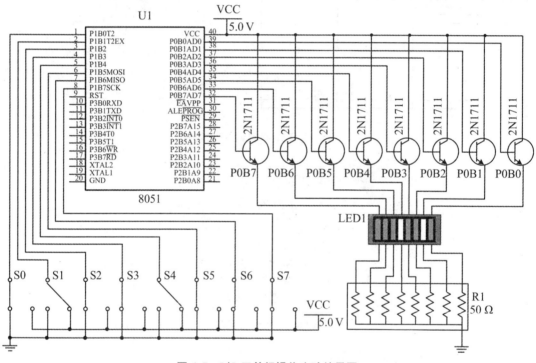

图 6.7 I/O 口并行操作实验结果图

5. 实验思考

如何实现 16 位、32 位数据的并行输入输出？

6.1.2 串行通信

1. 实验目的

（1）了解串行通信的基本原理与仿真技术。

（2）掌握利用 Multisim 进行 8051 串行通信的仿真方法和步骤。

（3）加深对串行通信等相关理论、概念的理解。

2. 实验原理

串行通信不同于并行通信,是将构成字符的每个二进制数据位全部按顺序发送或接收,或按照某种预定的顺序逐位进行通信。同一数据的不同位在串口通信中是不同时传送的,而非并行通信中那样同时传送的。串行通信使用的传输线数量少,尤其在远程通信时比并行通信更方便;但是其数据传送效率低于并行通信。最著名的串行通信技术标准是 EIA-232,EIA-422 和 EIA-485,即旧称的 RS-232,RS-422 和 RS-485(EIA 提出的建议标准 RS),在工业通信领域仍然习惯称上述标准为 RS 协议。

串行异步传输时的数据格式包括:

- 起始位:为持续一比特时间的逻辑电平 0,是开始传送一个字符的标志。
- 数据位:跟在起始位之后,用于传输字符的有效数据位。数据位数可通过硬件或软件设置,通常为 5~8 位。一般先传输字符低位,后传输字符高位。
- 校验位:奇偶校验位仅占 1 位,或不设校验位,主要用于奇校验或偶校验。
- 停止位:软件可设置为 1 位、1.5 位或 2 位。为电平逻辑 1,是传送一个字符结束的标志。
- 空闲位:表示线路处于空闲状态,为逻辑电平 1。也可不设空闲位,此时传输效率最高。

8051 单片机内置一个可同时发送和接收数据的全双工串行通信接口,既可作为同步移位寄存器,也可作为通用异步收发传输器 UART(Universal Asynchronous Receiver/Transmitter)。串行通信发送缓冲器只可写入无法读出,串行通信接收缓冲器只可读出而无法写入。

(1) 8051 内置的串行接口控制寄存器 SCON(Serial Port Control Register)地址为 98H,保存串行口的控制信息和状态信息,具有位寻址功能,各位的结构和功能如图 6.8 所示。

	D7	D6	D5	D4	D3	D2	D1	D0
SCON	SM0	SM1	SM2	REN	TB8	RB8	TI	RI

图 6.8

可设置串行口工作方式选择位 SM1,SM0 位定义 4 种通信方式,见表 6.1。

表 6.1　8051 串口工作方式

SM0	SM1	工作方式	功能	波特率
0	0	0	移位寄存器	$f_{osc}/12$
0	1	1	8 位 UART	可设定
1	0	2	9 位 UART	$f_{osc}/32$ 或 $f_{osc}/64$
1	1	3	9 位 UART	可设定

SCON 中的 SM2 为多机通信控制位。在方式 0 中,将 SM2 置 0。在方式 1 中,接收到停止位时,将 RI 置 1。方式 2 和方式 3 中,当 SM2=1 时,若接收到的第 9 位(且将第 9 位值赋予 RB8)为 0,则舍弃接收的数据,且将 RI 置 0;当第 9 位为 1 时,将接收的数据保存至接

收 SBUF,且将 RI 置 1。

SCON 的 REN 为允许接收位,置 1 时允许接收数据,可由指令置位或复位。

SCON 的 TB8 为第 9 位发送数据。TB8 指示多机通信时(方式 2、方式 3)是地址还是数据,可由指令置位或者复位。若 TB8=0 则表示发送数据,若 TB8=1 则表示发送地址。

SCON 的 RB8 为第 9 位接收数据,可存储接收到的第 9 位数据,表示接收的数据特征或校验值。在方式 0 中不使用 RB8。

SCON 的 TI,RI 分别为发送中断标志、接收中断标志,均可由硬件设置,但由软件清零。在方式 0 中,发送完 8 位数据后进行 TI 置位,接收完 8 位数据后进行 RI 置位;在其他方式工作中,发送停止位后进行 TI 置位,接收到停止位后进行 RI 置位。

(2) 8051 单片机内置的电源控制及波特率选择寄存器 PCON(Power Control Register)地址为 87H,不支持位寻址功能,主要是为 CHMOS 型单片机的电源控制而设置,各位的结构和功能如图 6.9 所示。

	D7	D6	D5	D4	D3	D2	D1	D0
PCON	SMOD	—	—	—	GF1	GF0	PD	IDL

图 6.9

PCON 中的 SMOD 为串行口波特率倍增位。若 SMOD=0,为系统复位默认值,则工作方式 1,2,3 波特率正常;若 SMOD=1,则工作方式 1,2,3 波特率加倍。

PCON 中的 GF1,GF0 为两个通用工作标志位,用户可自由设置。

PCON 中的 PD 为掉电模式位。若 PD=0,则单片机为正常工作;若 PD=1,则单片机进入掉电(Power Down)模式,外部晶振停振,CPU、定时器、串行口均停止工作,仅外部中断工作,CPU 可由外部中断或硬件复位模式唤醒。

PCON 中的 IDL 为空闲模式位。若 IDL=0,则单片机为正常工作;若 IDL=1,则单片机进入空闲(Idle)模式,CPU 停止工作,但其余模块继续工作,CPU 可由任一个中断或硬件复位唤醒。

(3) 8051 内置的中断允许寄存器 IE(Interrupt Enable)地址为 A8H,可控制 CPU 对中断源的开放或中断源屏蔽,具有位寻址功能。8051 单片机中的 6 个中断源均为可屏蔽中断,可对 IE 中的特定位置 1/清 0 而允许/禁止相应中断。各位的结构和功能如图 6.10 所示。

	D7	D6	D5	D4	D3	D2	D1	D0
IE	EA	—	ET2	ES	ET1	EX1	ET0	EX0

图 6.10

IE 中的 EA 为中断允许标志,若 IE 的 EA 位清 0 时,则屏蔽全部中断源。

IE 中的 ET2,ET1,ET0 分别为 C/T2,C/T1,C/T0 溢出中断允许控制位。

IE 中的 ES 为串行口通信中断允许位。

IE 中的 EX1,EX0 分别为外部中断 1,0 的溢出中断允许控制位。

(4) 8051 内置两个 16 位的定时器 T0 和 T1。其中,TH0 和 TL0 分别存放定时器 T0 高 8 位和低 8 位的初值或计数结果,TH1 和 TL1 分别存放定时器 T1 高 8 位和低 8 位的初值或计数结果。

（5）8051 内置控制寄存器 TCON,地址为 88H,能够控制定时器的状态,启动和停止定时器的计数,具有位寻址功能。各位的结构和功能如图 6.11 所示。

	D7	D6	D5	D4	D3	D2	D1	D0
TCON	TF1	TR1	TF0	TR0	IE1	IT1	IE0	IT0

图 6.11

TF1,TF0 分别为定时器 T1,T0 的计数溢出标志位。计数溢出时,由硬件自动将此位置 1。TF1,TF0 可由软件查询,也是定时中断源。

TR1,TR0 分别为定时器 T1,T0 的计数运行控制位。若 TR1/TR0＝1,则启动定时器/计数器工作;若 TR1/TR0＝0,则停止定时器/计数器工作。

IE1,IE0 为外部中断 1,0 的允许位。若 IE1/IE0＝0 时,则禁止外部中断 1,0;若 IE1/IE0＝1 时,则允许外部中断 1,0。

IT1,IT0 是外部中断 1,0 的中断触发方式选择位。若 IT1/IT0＝0,则为低电平触发;若为 IT1/IT0＝1,则为下降沿触发,即一个脉冲触发一次有效。

（6）8051 内置定时器工作模式寄存器 TMOD,地址为 89H,可设置定时器的工作模式,不支持位寻址功能。各位的结构和功能如图 6.12 所示。复位时,TMOD 各位全部为 0。

	D7	D6	D5	D4	D3	D2	D1	D0
TMOD	GATE	C/T	M1	M0	GATE	C/T	M1	M0
	T1 方式计数				T0 方式计数			

图 6.12

TMOD 中的 GATE 为门极控制信号。其中,若 GATE＝0,则由 TR1 和 TR0 来控制定时器 T1 和 T0 的启动;若 GATE＝1,则由外部中断来控制定时器 T1 和 T0 的启动。

TMOD 中的 C/T 为定时器/计数器模式选择位。若 C/T＝0,则为定时器模式;若 C/T＝1,则为计数器模式,对定时器 T0 或 T1 的外部负跳变脉冲进行计数。

TMOD 中的 M1,M0 为定时器工作方式选择位,定义 4 种定时器工作方式,见表 6.2。

表 6.2 8051 定时器工作方式

M1	M0	工作方式	功能描述
0	0	0	13 位计数器
0	1	1	16 位计数器
1	0	2	8 位计数器自动再装入
1	1	3	定时器 0:分成两个 8 位计数器;定时器 1:停止计数。

在本实验中,8051 单片机利用串行通信接口读入用户输入的 ASCII 码,并通过串行通信接口将用户输入的字符输出到串口所接的终端,比如由 P2 口将字符的 ASCII 码以十六进制方式显示在数码显示管上。

Multisim 元件库中有虚拟串口终端模块"VTERM",并且当其添加成功后会在菜单"MCU"中提供虚拟串口终端调试器"VTERM T1"。点击该菜单的选项"Virtual Terminal",用户可以方便地使用虚拟串口终端模块和调试器窗口对串口通信进行仿真。

3. 实验内容及步骤

(1) 放置单片机。打开 Multisim,在菜单栏中单击"New"命令,新建一个电路窗口。在菜单中单击"Place",选择"MCU"→"805x"→"8051"。点击"OK"放置 8051,在图中放置好 8051 后会弹出窗口,如图 6.13 所示。单击"Browse"选择路径,或创建一个新的路径,本例中路径选择为"D:\MCU6_1_2\";在"Workspace name"可输入工作空间名称,在本例中命名为"MCU6_1_2"。

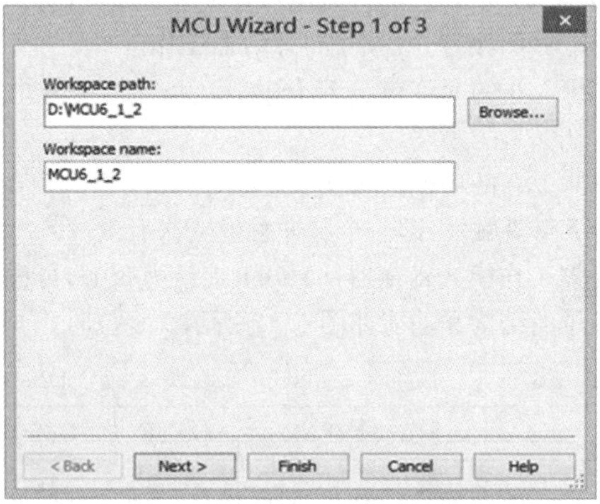

图 6.13　MCU Wizard Step1

单击"Next",弹出窗口,如图 6.14 所示。项目类型选择"Standard";本例中使用汇编语言,在"Programming Language"栏中选择"Assembly"汇编语言;"Project name"可以给本项目创建一个名称,本例使用"MCU6_1_2"。

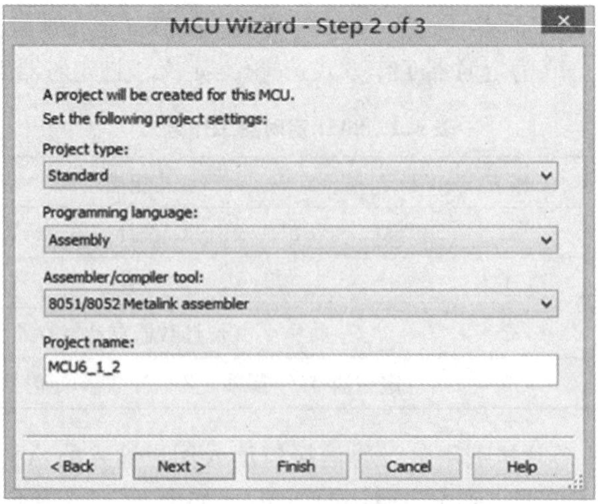

图 6.14　MCU Wizard Step2

单击"Next",弹出窗口,如图 6.15 所示。选择"Add source file"项,本例中编辑源文件名为"MCU6_1_2.asm"。

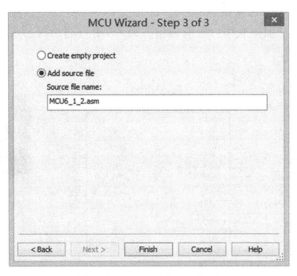

图 6.15   MCU Wizard Step3

（2）设置单片机参数。双击 8051,弹出窗口,修改"Clock speed"为 48 MHz,如图 6.16 所示,单击"OK"完成参数修改。

图 6.16   MCU 参数设置

（3）按图 6.17 所示连接好电路。在虚拟仪器仪表工具栏（Instruments Toolbar）中选择"Oscilloscope"并放置双通道示波器 XSC1。注：RXD 是接收端，TXD 是发送端，两机串行通信时不遵守同名引脚相连的规则，而是交叉相连，即本机的 RXD 接对方的 TXD，本机的 TXD 接对方的 RXD，从而构成串行双向通信。另外，串行通信时两机的波特率和数据格式要一致，确保正常通信。

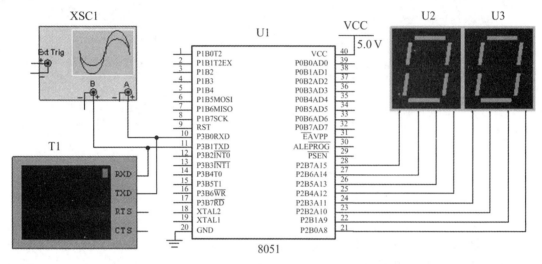

图 6.17　串行通信实验电路

在菜单中单击"Place"，选择"Component"，在搜索栏中输入"VTERM"，点击"OK"。8051 的串口工作在方式 1。双击"VTERM"元件，修改波特率为 4800 bps，如图 6.18 所示。

图 6.18　VTERM 参数设置

（4）输入代码。打开设计工具箱"Design Toolbox"，如图 6.19 所示，双击"MCU6_1_2.
asm"，进入代码编辑界面。

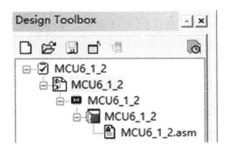

图 6.19　设计工具箱

在代码编辑界面输入以下代码：

```
          ORG      0000H
          LJMP     START
          ORG      0020H
          LJMP     RECE
          ORG      0040H
          LJMP     CLEA
START:
          MOV      SP,#60H
          MOV      PCON,#00H
          MOV      SCON,#40H
          SETB     EA
          SETB     ES
          SETB     ET0
          MOV      TL0,#18H
          MOV      TH0,#63H
          MOV      TL1,#0FFH
          MOV      TH1,#0FFH
          MOV      TMOD,#20H
          MOV      50H,#1
          MOV      R1,#0
          SETB     TR1
          MOV      A,#00H
          MOV      P2,A
          MOV      SBUF,A
          SETB     TR0
          SJMP     $
RECE:
          MOV      TL0,#18H
          MOV      TH0,#63H
```

```
        DJNZ      50H,RETU
        MOV       50H,♯1
        DEC       R1
        CJNE      R1,♯0FFH,SEND
        MOV       R1,♯5
SEND：
        MOV       DPTR,♯DATA1
        MOV       A,R1
        MOVC      A,@A+DPTR
        MOV       P2,A
        MOV       SBUF,A
RETU：
        RETI
CLEA：
        JNB       TI,ENDP
        CLR       TI
ENDP：
        RETI
DATA1：
        DB  031H,032H,033H,034H,035H,036H
        END
```

（5）编译程序。完成代码输入后，点击菜单栏"MCU"，选择"MCU 8051 U1"中的"Build"完成编译。若出现错误则修改代码直至编译通过。

（6）运行程序。单击菜单"Simulate"下的"Run"或工具栏按钮，观察编译窗口最下栏的"Results"，若出现错误则修改错误直至正常运行。

（7）返回电路图窗口，观察串行通信情况。单击菜单"MCU"下面的"VTERM T1"中的"Virtual Terminal"命令，弹出虚拟终端显示窗口。操作虚拟串口终端，观察实验现象并记录实验结果。

4. 实验结果

程序运行成功后，通过两个数码管 U2，U3 可以观察到字符的 16 进制数码，8051 通过串行口依次发送 6 个字符"6""5""4""3""2""1"。如图 6.20 所示，为 ASCII 码字符"6"的 16 进制数码"36"（其十进制数码 54）。

通过示波器 XSC1，还可以进一步观察串行口信号线 RXD 和 TXD 上的信号传输过程，如图 6.21 所示。其中，上方的信号波形为接收信号 RXD，下方的信号波形为发送信号 TXD。可以观察到，在每一个定时器周期，向串口发送一个 TXD 信号波形。

打开菜单"MCU"下面的"VTERM T1"中的虚拟终端"Virtual Terminal"，可以通过虚拟串口终端输入字符，每次输入字符时，可以从示波器中观察到串行口 RXD 信号上的电压波动，串口信号接收过程如图 6.21 所示。

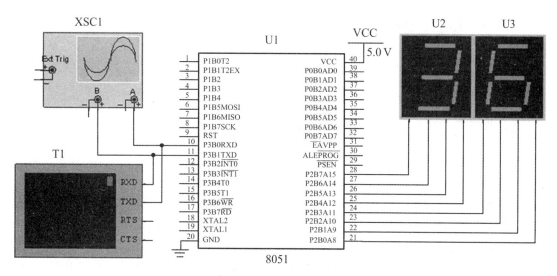

图 6.20   实验结果

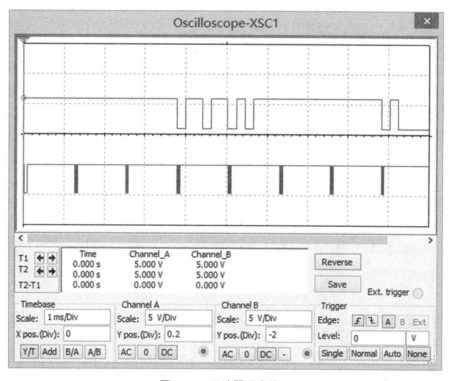

图 6.21   示波器观察结果

5. 实验思考

如何实现两个单片机间的串行通信?

6.1.3 多个中断处理

1. 实验目的

（1）了解链式排队线路和多级中断处理的基本原理。

（2）掌握使用 Multisim 仿真多级中断处理电路的设计方法。

（3）加深对多重中断处理等相关理论、概念的理解。

2. 实验原理

中断方式是 CPU 处理低速外设输入输出的重要手段。当 CPU 正在执行某台外设的中断服务程序时，此时如又出现了新的中断源，需要 CPU 合理安排同一时间出现的不同中断源，即多重中断或中断嵌套。常用的中断排序策略是优先级策略。如果新出现中断源的优先级比 CPU 正在执行的中断源服务程序更高，那么 CPU 必须暂停正在执行的中断服务程序，去响应新的优先级更高的中断请求，并转去执行新的中断服务程序。反之，如果新出现中断源的优先级比正在执行的中断源服务程序低，该新中断请求将得不到 CPU 的响应。在单重中断中，各中断源与优先级无关，所有新中断请求都不会得到 CPU 的响应，只有执行完当前的中断源服务程序后才响应新的中断请求。因此，CPU 要响应多重中断，其中断系统需要具备处理多重中断优先级的硬件或软件。

一个常见的中断优先级链式排队线路和设备编码器如图 6.22 所示。设有三个优先级按降序排列的设备 A，B，C，设备编码器（虚线框内）产生三个向量地址，分别是 010010B，010011B，010100B。当有请求发生时，中断请求信号 $\overline{INTRi}(i=A,B,C)=0$，$INTRi(i=A,B,C)=1$，排队器输出为 $INTPi(i=A,B,C)$。当中断响应信号 INTA 有效时链式排队电路工作，被选中的排队信号 INTPi 通过编码器形成向量地址，并由数据总线发送给主机。

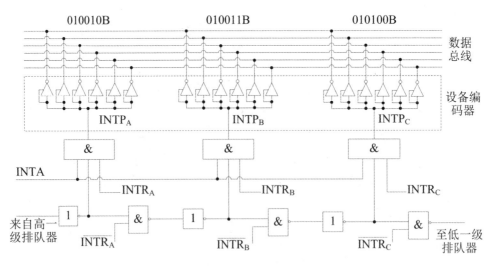

图 6.22 链式排队线路和设备编码器

3. 实验内容及步骤

（1）可使用逻辑门电路构建如图 6.22 所示的中断链式排队电路。按图 6.23 所示连接好电路，设置电源电压为 5 V。为不影响分析，本级中断响应信号 INTA 用 VCC 表示。选择"Diodes"→"LED"→"BAR_LED_GREEN"放置 3 个 LED 排灯。

（2）开关 S1,S2,S3 分别表示三个中断源 $\overline{\text{INTRi}}$(i＝A,B,C)，初始状态均设置为高电平，表示暂无中断信号输入。

（3）设置开关 S4,S5,S6 分别为 010010B,010011B,010100B，模仿设备编码器，可由 LED3,LED4,LED5 中相应的灯亮灭观察结果。LED1 为中断响应信号 INTA 信号有效，LED2 表示本级排队链路的下一级中断有效。

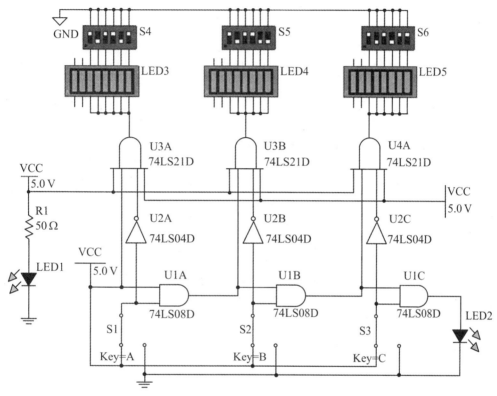

图 6.23　链式排队仿真电路

（4）单击 Multisim 仿真运行按钮。

（5）拨动 S1,S2,S3，观察二极管的发光情况。记录实验数据，并分析实验现象。

4. 实验结果

当 S1＝S2＝S3＝1 时，本级中断链式电路无中断发生，可以响应下一级中断，下一级中断 LED2 亮，如图 6.23 所示。当 S1＝1,S2＝S3＝0 时，即 INTRA 无中断发生，而中断源 INTRB 和 INTRC 同时发生，实验结果如图 6.24 所示。此时，LED4 灯亮起（编码 010011B），LED3，LED5 不亮，表示响应设备 B 的中断 INTRB，而屏蔽设备 C 的中断 INTRC。

进一步实验可以发现，当 S1＝0 时，无论 S2 或 S3 为何值，LED3 都亮（编码 010010B），因为 INTRA 的中源优先级最高。只有 S1＝S2＝1 时，S3＝0，LED5 才亮（编码 010100B），因为 INTRC 的中断优先级在本级中断链式电路中排最低。

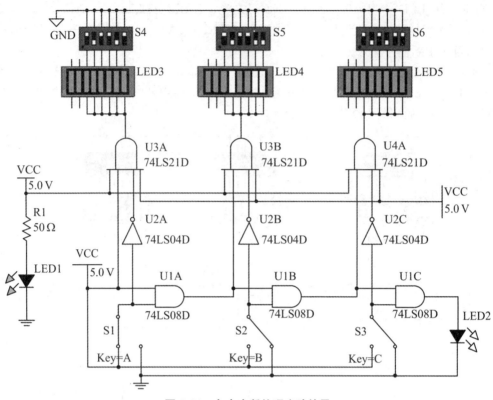

图 6.24　多个中断处理实验结果

5. 实验思考

如何使用中断优先级电路实现不可屏蔽中断？

6.1.4　LCD 显示

1. 实验目的

（1）了解液晶显示器 LCD 的使用方法。

（2）掌握 Multisim 仿真单片机与 LCD 的方法与步骤。

（3）加深对计算机文字、图形、图像处理等相关理论、概念的理解。

2. 实验原理

液晶显示器(Liquid Crystal Display，LCD)是现代计算机普遍采用的人机交互方式，能够显示文字、图形、视频等信息。奥地利植物学家莱尼茨尔(Reinitzer)于 1888 年最早发现液晶，即是一种具有规则性分子排列的、介于液体与固体之间的有机化合物。常见的液晶为向列型液晶，分子长宽约 1～10 nm，呈细长棒形，能在不同电场作用下做规则旋转的 90 度排列，从而形成不同的透光度。

LCD 的基本结构包括液晶板和夹在其两侧的两片平行玻璃基板，上基板玻璃上装有彩色滤光片，下基板玻璃上装有薄膜晶体管(Thin Film Transistor，TFT)。在电场作用下，控制 TFT 上的电压信号便可改变液晶分子的旋转方向，从而形成不同明暗层次，合理控制每个像素点的偏振光射出便可构成所需图像。

根据LCD背光源不同,可分为冷阴极荧光灯管（Cold Cathode Fluorescent Lamp,CCFL）和发光二极管（Light Emitting Diode,LED）两种。CCFL型的LCD具有较好的色彩表现,但是功耗偏高,常用于专业绘图领域。LED型LCD体积小、功耗低,色彩表现比CCFL差,常用于兼顾轻薄、功耗的应用场合,最常见的是WLED（白光LED）。

Multisim内置LCD模块,主要定义如表6.3所示。

表6.3　LCD模块定义

引脚	定义
VCC	供电电压（+5 V）
CV	对比度电压
GND	接地
RS	指令寄存器/数据寄存器选择信号。1:数据寄存器,0:指令寄存器
RW	读/写LCD寄存器。1:读;0:写
E	使能信号,用于控制指令和数据的传送
D0～D7	数据输入/输出引脚

LCD显示屏内置有控制器电路芯片和寄存器组件,CPU向LCD模块传递读/写等控制命令和有效数据,从而实现LCD的文字、图形、图像的显示。

3. 实验内容及步骤

（1）放置单片机。打开Multisim,在菜单栏中单击"New"命令,新建一个电路窗口。在菜单中单击"Place",选择"MCU"→"805x"→"8051"。点击"OK"放置8051,在图中放置好8051后会弹出窗口,如图6.25所示。单击"Browse"选择路径,或创建一个新的路径,本例中路径选择为"D:\MCU6_1_4\";在"Workspace name"可输入工作空间名称,在本例中命名为"MCU6_1_4"。

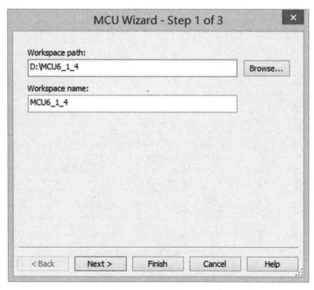

图6.25　MCU Wizard Step1

单击"Next",弹出窗口,如图 6.26 所示。项目类型选择"Standard";本例中使用汇编语言,在"Programming Language"栏中选择"Assembly"汇编语言;"Project name"可以给本项目创建一个名称,本例使用"MCU6_1_4"。

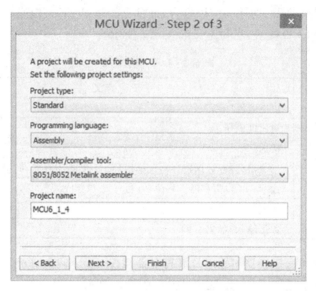

图 6.26　MCU Wizard Step2

单击"Next",弹出窗口,如图 6.27 所示。选择"Add source file"项,本例中编辑源文件名为"MCU6_1_4.asm"。单击"Finish"完成 MCU Wizard。

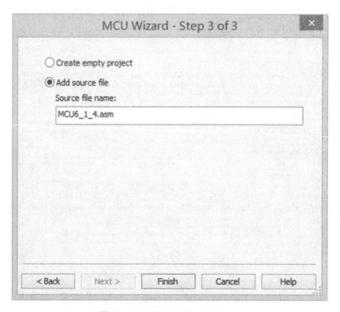

图 6.27　MCU Wizard Step3

（2）设置单片机参数。双击 8051,弹出窗口,修改"Clock speed"为 2 GHz,如图 6.28 所示,单击"OK"完成参数修改。

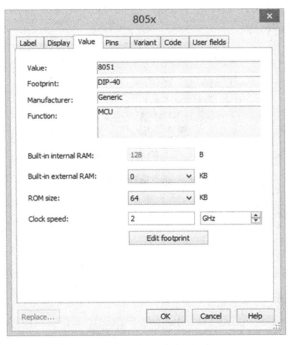

图 6.28　MCU 参数设置

（3）按图 6.29 所示连接好电路。在菜单中单击"Place"，选择"Advanced_Peripherals"
→"LCDS"→"LCD_DISPLAY_16×4"。

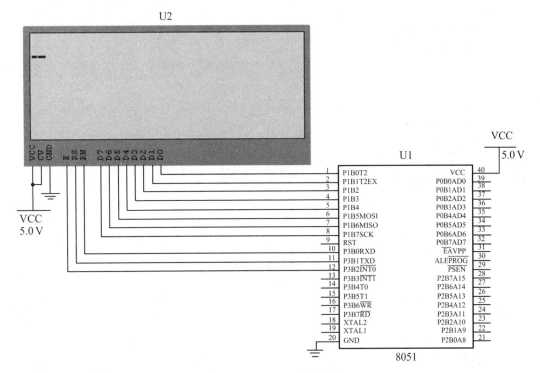

图 6.29　LCD 显示实验电路

(4) 输入代码。打开设计工具箱"Design Toolbox",如图 6.30 所示,双击"MCU6_1_4. asm",即可进入代码编辑界面。

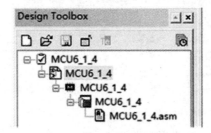

图 6.30　设计工具箱

在代码编辑界面输入以下代码:

```
      $ MOD51
      ORG     0000H
      LJMP    START
      RS      BIT     0B1H
      RW      BIT     0B0H
      DATAN   DATA    30H
      LIN1    DATA    32H
      LIN2    DATA    34H
      PSP     EQU     6AH
      ORG     060H
START:
      CLR     A
      MOV     R0,#7FH
INITI:
      MOV     @R0,A
      DJNZ    R0,INITI
      MOV     SP,#PSP
      CLR     RS0
      CLR     RS1
      ACALL   LCDP
MAIN:
      ACALL   LINE1
      ACALL   DELAY1
      ACALL   LINE2
      ACALL   DELAY1
      MOV     R2,#64
SUBP:
      MOV     R1,#1CH
      ACALL   CLRD
      DJNZ    R2,SUBP
```

```
        MOV     R1,#01H
        ACALL   CLRD
        ACALL   DELAY1
        SJMP    MAIN
LCDP：
        MOV     R1,#01H
        ACALL   CLRD
        MOV     R1,#38H
        ACALL   CLRD
        MOV     R1,#02H
        ACALL   CLRD
        MOV     R1,#06H
        ACALL   CLRD
        MOV     R1,#0FH
        ACALL   CLRD
        RET
LINE1：
        MOV     R1,#080H
        ACALL   CLRD
        MOV     DPTR,#DATA1
        MOV     R4,DPL
        MOV     R3,DPH
        MOV     DATAN,#12
        LCALL   WRITE
        RET
LINE2：
        MOV     R1,#0C0H
        ACALL   CLRD
        MOV     DPTR,#DATA2
        MOV     R4,DPL
        MOV     R3,DPH
        MOV     DATAN,#14
        LCALL   WRITE
        RET
WRITE：
        CLR     A
        MOV     DPL,R4
        MOV     DPH,R3
        MOVC    A,@A+DPTR
        MOV     R1,A
        INC     DPTR
        MOV     R3,DPH
```

```
        MOV     R4,DPL
        ACALL   SELD
        DJNZ    DATAN,WRITE
        RET
SELD：
        SETB    RS
        CLR     RW
        MOV     P1,R1
        NOP .
        SETB    P3.2
        NOP
        CLR     P3.2
        RET
CLRD：
        CLR     RW
        CLR     RS
        MOV     P1,R1
        NOP
        SETB    P3.2
        NOP
        CLR     P3.2
        ACALL   DELAY1
        RET
DELAY1：
        MOV     LIN2,＃05H
ENDP：
        MOV     LIN1,＃0FFH
        DJNZ    LIN1,$
        DJNZ    LIN2,ENDP
        RET
DATA1：
        DB  48H,65H,6CH,6CH,6FH,20H
        DB  77H,6FH,72H,6CH,64H,21H
DATA2：
        DB  4DH,43H,55H,20H
        DB  73H,69H,6DH,75H,6CH,61H,74H,69H,6FH,6EH
        END
```

（5）编译程序。完成代码输入后，点击菜单栏"MCU"，选择"MCU 8051 U1"中的"Build"完成编译。若出现错误则修改代码直至编译通过。

（6）运行程序。单击菜单"Simulate"下的"Run"或工具栏按钮，观察编译窗口最下栏的"Results"，若出现错误则修改错误直至正常运行。

（7）返回电路图窗口，观察并记录 LCD 的工作情况。

4. 实验结果

实验结果如图 6.31 所示。输出画面能够滚动显示"Hello world! MCU simulation"。

U2

Hello world!
MCU simulation_

VCC
5.0 V

U1

1	P1B0T2	VCC	40
2	P1B1T2EX	P0B0AD0	39
3	P1B2	P0B1AD1	38
4	P1B3	P0B2AD2	37
5	P1B4	P0B3AD3	36
6	P1B5MOSI	P0B4AD4	35
7	P1B6MISO	P0B5AD5	34
8	P1B7SCK	P0B6AD6	33
9	RST	P0B7AD7	32
10	P3B0RXD	EAVPP	31
11	P3B1TXD	ALEPROG	30
12	P3B2INT0	PSEN	29
13	P3B3INT1	P2B7A15	28
14	P3B4T0	P2B6A14	27
15	P3B5T1	P2B5A13	26
16	P3B6WR	P2B4A12	25
17	P3B7RD	P2B3A11	24
18	XTAL2	P2B2A10	23
19	XTAL1	P2B1A9	22
20	GND	P2B0A8	21

8051

图 6.31　LCD 显示实验结果

5. 实验思考

计算机如何控制 LCD 显示参数和所需显示的文字和图形？

6.1.5　语音放大电路

1. 实验目的

（1）了解语音信号处理的基本原理和仿真方法。

（3）学习掌握使用 Multisim 仿真语音放大电路的基本方法，并使用仪表进行波形分析。

（3）加深对多媒体和语音信号处理等相关理论、概念的理解。

2. 实验原理

语音处理是计算机学科的重要分支，主要研究语音的发声过程、传输特性和统计特性、语音的自动识别、计算机合成处理、压缩技术等。语音信号处理最早起源于人类使用电子装置模拟发音器官。1939 年，美国人达德利（H. Dudley）使用了一个简单的装置模拟发音过程，之后发展为数字声道模型。该模型能够进行各种语音信号的频谱分析，也可以完成语音数据压缩和编码传输，借助分析的频谱参数变化规律还能够完成语音信号合成。

现代的语音处理技术均为数字化语音，通过微处理器、数字信号处理器或专门的语音处理器能够完成各种数字语音信号处理。数字语音分析和合成技术已经能够实现语音和发音者的高精度自动识别,结合人工智能技术,还可以完成语言的自动理解和人机语音自动应答,实现计算机的听觉交互功能。

语音放大电路用于将传感器或麦克风检测的语音信号进行前级放大,主要包括语音信号输入、多级前置放大器、有源带通滤波器、功率放大电路和输出电路。如图 6.32 所示。

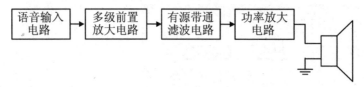

图 6.32　语音放大电路原理

（1）前置放大电路

前置放大电路用于语音信号的前级放大,具有高输入阻抗、高共模抑制比、低漂移等特性,也称为小信号放大电路。由语音传感器或麦克风传送来的是直流或低频信号,经信号放大后采用单端方式传输。常用的前置放大电路有:具有恒流源偏置的差分放大器、测量用放大器、同相放大器等。具有恒流源偏置的差分放大器能有效地抑制零点漂移,常用作语音放大电路的输入级或中间放大级。测量用的放大器具有较高的输入阻抗,且电压增益调节方便,输出侧不包含共模信号,常由两个同相放大器和一个差动放大器构成。同相放大器从两个放大器的同相端输入差分输入信号,具有极高的输入电阻和很高的共模抑制比,又称为同相串联差分放大电路,普遍用于高输入电阻的专业语音放大电路。

（2）滤波电路

滤波器能够滤除信号中特定频率以外的其他频率,从而得到特定频率的有效信号,或用于专门消除特定频率的有效信号,通常包括有源滤波器和无源滤波器。有源滤波器由有源器件与 RC 网络组成,可分为文氏桥式带通滤波器、宽带带通滤波器等。宽带带通滤波器常用于可测量信号噪声比的音频滤波,其二阶有源高通滤波器(High Pass Filter,HPF)的通带截止频率低于二阶有源低通滤波器(Low Pass Filter,LPF),通过串联具有相同元件压控电压源滤波器的 LPF 和 HPF 可实现通带响应。宽带带通滤波器可参考 HPF 和 LPF 的电路,具有较宽通带,且通带截止频率易于调整。

（3）功率放大电路

功率放大电路能够扩大有效信号功率,以便更好地向负载提供信号输出,通常要求输出功率尽量高,且非线性失真尽量小。常用的功率放大电路使用分立元件,电路结构简单,包括 LM386 集成功率放大器、TDA2003 功率放大电路、推挽式无输出变压器(Output Trans-formerLess,OTL)功率放大电路、无输出端大电容(Output CapacitorLess,OCL)功率放大电路等。

3. 实验内容及步骤

（1）按图 6.33 所示,绘制小功率语音放大电路,其中包括前置放大电路、有源带通滤波电路、功率放大电路。U1A 和 U1B 及其周边电子元件构成同相放大器,从两个放大器 U1A 和 U1B 的同相端输入差分输入信号。U1C 和 U1D 及其周边电子元件构成有源带通滤波器,其中 U1C 及周边电子元件构成二阶有源高通滤波器(HPF),U1D 及周边电子元件构成二阶有源低通滤波器(LPF)。三个三极管 Q1,Q2,Q3 及周边的电子元件组成 OTL 功率放大器,R18 和 R19 能够调整电路输出音量大小。在虚拟仪器仪表工具栏(Instruments Toolbar)中选择"Oscilloscope"并放置双通道示波器 XSC1。

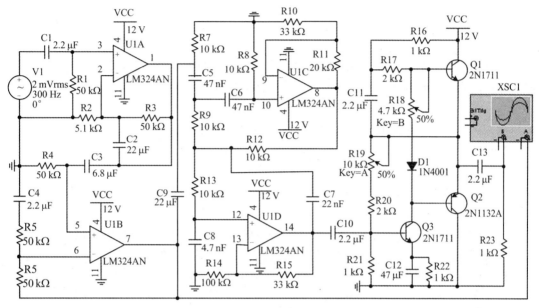

图 6.33　语音放大仿真电路图

(2) 单击 Multisim 仿真运行按钮。

(3) 调整可变电阻器 R18 和 R19 的大小,观察功率输出情况。

4. 实验结果

观察语音放大电路输入输出波形,如图 6.34 所示,A 为输入信号,B 为输出信号。

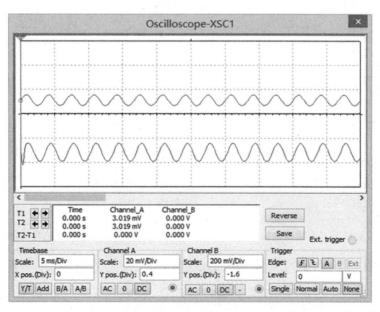

图 6.34　语音放大电路输入输出波形

5. 实验思考

如何调节语音放大电路的参数来提高其性能?

6.2 习题与解答

【习题 6.1】 若显示器的分辨率为 1024×768,刷新频率是 60 帧/s,灰度级为 32 位,求其刷新存储器的容量和读出速度。

解 (1) 刷新存储器的容量为 $1024 \times 768 \times 32$ bit/8=3 MB;

(2) 刷新存储器的读出速度为 3 MB/帧 $\times 60$ 帧/s=180 MB/s。

【习题 6.2】 某信道的波特率为 19200,若想将其数据传输速率提升到 80 Kb/s,则一个码元所取的有效离散值个数为多少?

解 设信道带宽(数据传输速率)为 S,波特率为 B,一个码元所取有效离散值的个数为 N,根据参考文献[1],有 $S=B \times \log_2 N$,即 $80 \times 1024 = 19200 \times \log_2 N$,求得 $N \approx 19$。

【习题 6.3】 某异步串行通信系统每秒可传输 1440 个数据帧,每个数据帧包含 1 个起始位、7 个数据位、一个奇校验位和 1 个结束位。试求其波特率和比特率。

解 (1) 波特率=$(1+7+1+1) \times 1440 = 14400$ baud;

(2) 比特率=$1440 \times 7 = 10080$ bit/s。

【习题 6.4】 如果 I/O 端口地址为 381H,那么图 6.35 中的输入地址线要如何改动?

解 如果 I/O 端口地址为 381H,即 A9 A8 A7 A6 A5 A4 A3 A2 A1 A0 =11 1000 0001B,那么就将图 6.35 中输入地址 A0 线后的非门去掉,并在 A2 后面加上非门,如图 6.36 所示。

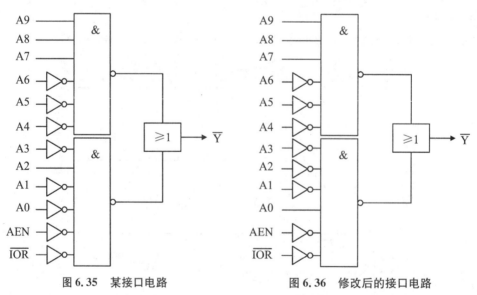

图 6.35 某接口电路   图 6.36 修改后的接口电路

【习题 6.5】 若某外设向 CPU 传送信息频率最高为 140 K 次/秒,相应的中断处理程序执行时间为 10 μs,试判断该外设能否以中断方式工作?

解 外设向 CPU 的信息传送周期=1/140 K$\approx$6.975 μs,即外设中断请求周期约为

$6.975\,\mu s$；而相应中断处理程序执行时间为 $10\,\mu s > 6.975\,\mu s$，故无法以中断方式工作，否则将丢失数据。

【习题 6.6】 某系统总线的时钟频率为 $133\,MHz$，在一个总线时钟周期中可以存取 64 位数据，一个存取周期最快为 3 个总线时钟周期。求总线的带宽（MB/s）。

解 总线的带宽＝数据宽度×总线存取频率＝$(64/8)×(133/3)\,MB/s ≈ 354.67\,MB/s$。

【习题 6.7】 某 64 位总线系统的时钟频率为 $2\,GHz$，5 个时钟周期传送一个 64 位字，求其数据传送速率（GB/s）。

解 该总线系统的数据传送速率为 $2\,G×8\,B/5 = 3.2\,GB/s$。

【习题 6.8】 8 台外设的数据传输率如表 6.4 所示，试设计一种通道，$T_S = 1\,\mu s$，$T_D = 2\,\mu s$。（1）若按字节多路通道设计，最大通道流量是多少？若希望选择至少 4 台外设同时连接到该通道上，且传输速率尽量高，该如何选择外设？（2）若按数组多路通道设计，通道一次传送定长数据块的大小 $k = 512\,B$，则通道的最大流量是多少？该如何选择外设？

表 6.4　8 台外设的数据传输速率（KB/s）

设备名称	D1	D2	D3	D4	D5	D6	D7	D8
数据传输速率	80	20	230	60	500	50	30	150

解 （1）字节多路通道的最大通道流量 $f_{\max\,byte} = 1/(T_S + T_D) = 1/(1\,\mu s + 2\,\mu s) ≈ 325.5\,KB/s$，$\sum_{i=1}^{4} f_i = 80+20+60+150 = 310\,KB/s < f_{\max\,byte} ≈ 325.5\,KB/s$，则可选择 D1，D2，D4，D8 同时连接到该通路上。

（2）数组多路通道的最大通道流量 $f_{\max\,block} = k/(T_S + kT_D) = 512\,B/(1\,\mu s + 512\,B × 2\,\mu s) ≈ 487.8\,KB/s$。

由于 $f_{\max\,block} > \max\{f_i\}$，即除外设 D5 外，其余外设均可同时连接到该通道上。

第7章 并行处理与普适计算

7.1 仿 真 实 验

7.1.1 AM信号发生器

1. 实验目的

(1) 了解计算机 AM 通信的工作原理。

(2) 熟练掌握使用 Multisim 对 AM 通信的仿真设计方法。

(3) 加深对计算机通信等相关理论、概念的理解。

2. 实验原理

振幅调制或调幅(Amplitude Modulation,AM)是常见的机间通信方式,能保持频率不变的同时,使高频载波的振幅随调制信号而规律变化,常用于有线、无线通信或广播中。调幅是将信号的高低电平变为幅度变化的电信号。VHF 频段的移动电台早期多采用调幅方式,但是信道衰减会在模拟调幅中形成附加调幅而失真,且传输中易被窃听。

调幅可分为普通调幅(AM)、双边带调幅(Double Side Band AM,DSB-AM)、单边带调幅(Single-Side Band AM,SSB-AM)与残留边带调幅(Vestigial Side Band AM,VSB-AM)四种不同方式。双边带调幅信号中频带宽度为调制信号频率的两倍,仅包括两个边频,没有载波分量。单边带调幅信号只包括一个边频。残留边带调幅在发送信号中包括一个完整边带、载波和另一个边带的小部分。

3. 实验内容及步骤

(1) 如图 7.1 所示,连接好电路,使用乘法器实现普通调幅波的双边带调幅电路。

在虚拟仪器仪表工具栏(Instruments Toolbar)中选择"Four channel oscilloscope"并放置四通道示波器 XSC1。

(2) 设置信号源 V1,V2 的电压与频率参数及乘法器 A1 参数,如图 7.1 所示。

(3) 单击 Multisim 仿真运行按钮。

(4) 分别将开关 S1 闭合、断开,观察输出波形,记录并分析实验数据。

4. 实验结果

电路开关闭合时,输出产生的是一个普通的调幅波信号,实验结果如图 7.2 所示。当开关断开时,示波器观察到的是一个双边带信号,实验结果如图 7.3 所示。

5. 实验思考

调整 AM 输出信号幅度和频率对通信性能有何影响?

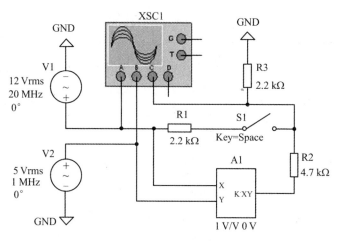

图 7.1 AM-DSB 实验电路

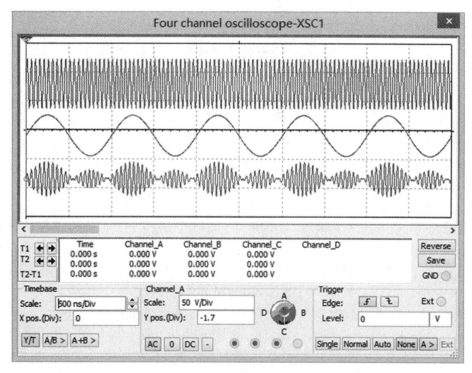

图 7.2 AM 调制

7.1.2 直接调频 FM

1. 实验目的

(1) 了解计算机直接调频通信的工作原理。

(2) 熟练掌握使用 Multisim 对单片机 FM 调频通信仿真的方法。

(3) 加深对计算机通信等相关理论、概念的理解。

167

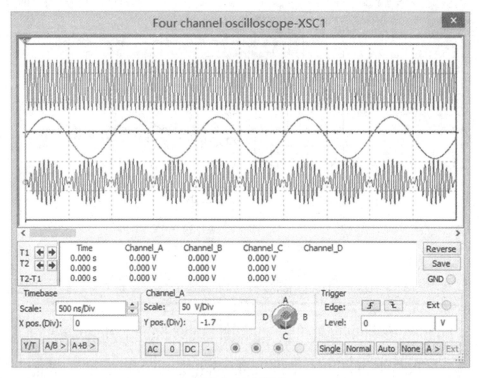

图 7.3　DSB 调制

2. 实验原理

频率调制或直接调频(Frequency Modulation,FM)也是常见的机间通信方式,其输出信号瞬时频率随调制信号而发生线性变化,一般使用调制信号直接控制振荡器参数来实现。调频也称为中波,常用频率范围约 530~1600 KHz,具有较强的抗干扰能力,较小的失真,但易受天气影响,通信半径偏小。美国电气工程师霍华德·阿姆斯特朗(Edwin Howard Armstrong)首次发明了宽带调频(FM)无线电技术,先后于 1914 年获得再生电路专利、1918年获得超级外差接收机专利和 1922 年获得超级再生电路的专利。1966 年,美国斯坦福大学的约翰·卓宁(John Chowning)博士首次提出 FM 音乐制作技术。

调频信号通常采用振荡频率由外部电压控制的压控振荡器(Voltage Controlled Oscillator,VCO)作为调制器来产生,通过谐振回路的电抗元件 L 或 C 来控制 VCO 振荡频率。变容二极管直接调频电路也是应用广泛的直接调频电路之一,由于变容二极管反偏时会产生可变电容,利用这个特性能够有效地实现直接调频,而且调频电路工作频率较高、固有损耗较小。变容二极管是一种电压控制可变电抗的半导体二极管,利用半导体 PN 结的结电容随反向电压变化的特性而制成。

3. 实验内容及步骤

(1) 按图 7.4 所示连接好电路,在虚拟仪器仪表工具栏(Instruments Toolbar)中选择"Frequency counter"并放置频率计 XFC1,选择"Oscilloscope"并放置双通道示波器 XSC1。其中,D1 为变容二极管,V1 为变容二极管直接调频电路电源,V2 为调制信号,V3 为变容二极管的直流偏置电源,设置参数如图 7.4 所示。双踪示波器 XSC1 分别观察直接调频电路的输出端和调制信号端,频率计 XFC1 用于观察输出信号频率变化。

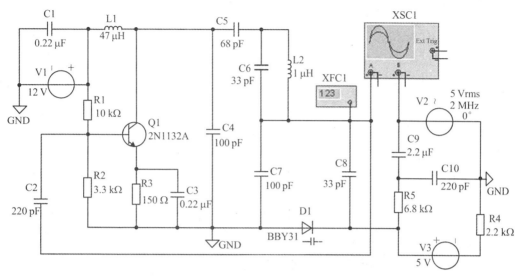

图 7.4　直接调频电路

变容二极管调频需要利用 PN 结的电容,PN 结应工作在反向偏置状态。PN 结反向偏置时,D1 结电容会随外加反向偏压而变化。变容二极管的结电容随反向电压的变化曲线与电压控制的可变电抗元件的变化曲线相似。

（2）单击 Multisim 仿真运行按钮。

（3）双击双踪示波器 XSC1 观察波形,双击频率计 XFC1 观察输出信号频率变化,记录实验现象,并分析实验数据。

4. 实验结果

频率计 XFC1 测得输出信号频率,如图 7.5 所示,双踪示波器 XSC1 观察变容二极管直接调频电路的输出端波形,如图 7.6 所示。

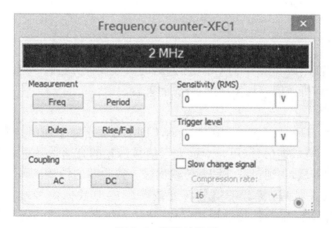

图 7.5　频率计显示

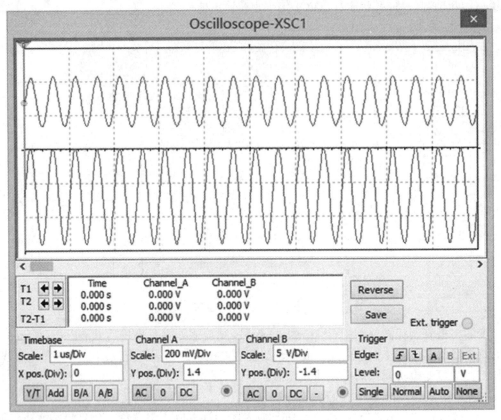

图 7.6　输出端波形图

5. 实验思考

调整 FM 输出信号幅度和频率对通信性能有何影响？

7.1.3　CDMA 调制解调

1. 实验目的

（1）了解计算机 CDMA 通信的工作原理。

（2）熟练掌握使用 Multisim 对 CDMA 通信的仿真设计方法。

（3）加深对计算机通信等相关理论、概念的理解。

2. 实验原理

码分多址（Code Division Multiple Access，CDMA）基于数字通信技术中的扩频通信技术，将待传输的某带宽数据信号，用一个远大于信号带宽的高速伪随机码实施调制，从而拓展了原数据信号的带宽，再通过载波调制传输出去。接收端的伪随机码和发送端完全相同，对接收信号进行相关处理，将宽带信号转变成窄带的原数据信号，此过程又称为解扩。CDMA 使用了多址数字式通信，可适用于二代、三代无线通信中的任何协议，其信道具有独特的代码序列，多路信号仅占有一条信道，带宽使用率显著提高。

最早的美国蜂窝电话 CMDAOne 标准的带宽只有单通道 14.4 KB/s 和八通道 115 KB/s，到了 CDMA2000 和宽带 CDMA 时带宽已成倍增加。CDMA 还使用具有扩频技术的模-数转换(ADC)技术将输入信号数字化处理为二进制位元,传输信号时按指定类型对频率进行编码,安全性高,只有频率响应编码相同的接收机才可收到信号。因为数字频率编码的容量高,重复率低,保密性大大增强。CDMA网络中使用软切换技术,通道宽度名义上称为1.23 MHz,但是数字扩频技术的使用大大增加了单位带宽信号数量。CDMA能够显著减少移动通信中的信号中断现象,广泛应用于800 MHz和1.9 GHz的特高频(UHF)移动电话系统,且能够与其他蜂窝通信技术保持兼容。

3. 实验内容及步骤

(1) 如图7.7所示,连接好电路,设置V1,V2,V3电源参数如图7.7所示。在"Sources"器件库中选择"CONTROL_FUNCTION_BLOCKS"→"MULTIPLIER"放置若干个模拟乘法器和一个"VOLTAGE_SUMMER"三端电压加法器,在虚拟仪器仪表工具栏(Instruments Toolbar)中选择"Function generator"并放置信号发生器XFG1,选择"Oscilloscope"并放置双通道示波器XSC1,XSC2,XSC3,并将信号发生器XFG1连接至示波器XSC1。

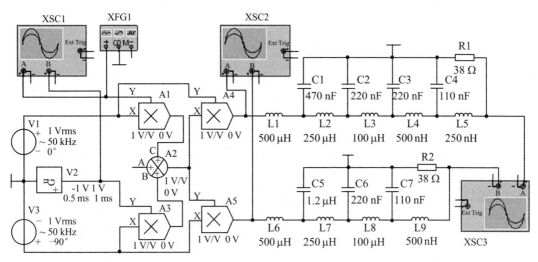

图7.7 CDMA调制解调电路

(2) 单击Multisim仿真运行按钮。

(3) 双击双踪示波器观察波形。

4. 实验结果

电路中不同位置设置了三台双踪示波器XSC1,XSC2,XSC3,其实验观测结果分别如图7.8、图7.9、图7.10所示。

其中,XSC1为输入侧模拟低频调制信号,XSC2为使用乘法器产生的正交相乘解调输出信号,XSC3为输出侧低通滤波后的解调信号,通过几个示波器可以观察CDMA调制和解调的仿真过程。

5. 实验思考

调整CDMA输出信号幅度和频率对通信性能有何影响?

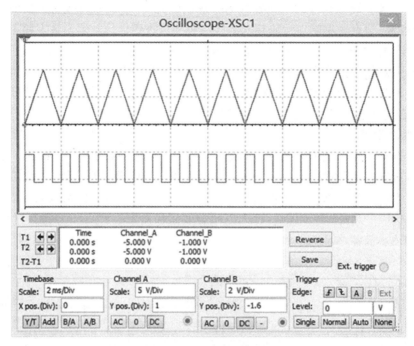

图 7.8　XSC1 观测结果

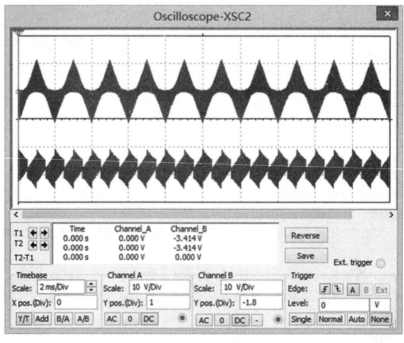

图 7.9　XSC2 观测结果

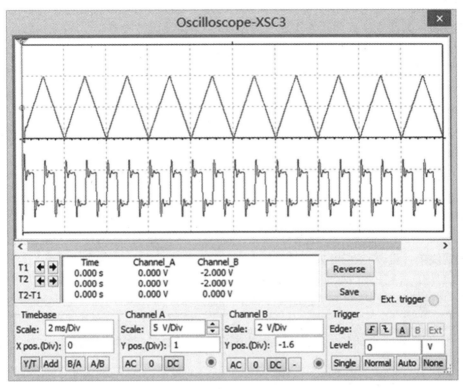

图 7. 10　XSC3 观测结果

7.1.4　双机通信

1. 实验目的

（1）了解两台以上计算机通信的工作原理。

（2）熟练掌握使用 Multisim 对双机通信的仿真设计方法。

（3）加深对多机处理等相关理论、概念的理解。

2. 实验原理

多机系统是由两台以上的计算机所构成的多机共同工作的系统,其中两台或多台计算机能够共享主存储器或经数据链路连接起来共享数据。根据不同计算机间耦合程度的不同,可分为紧耦合多机系统和松耦合多机系统。前者通常位于同一物理地点,且连接时不使用远程复杂的通信系统;后者往往各机距离较远,但任一台计算机故障一般不会影响到整个多机系统工作。多机系统能够大幅度地提高计算机的工作性能和可靠性,从而以更低的性价比获得单机系统难以获得的强大处理能力、更高的响应速度和可靠性,还能够灵活地组织各种配置方式和应用方案。

主从式结构是常见的多机系统之一。其多机操作系统程序运行于一台主处理机上,当从处理机需使用主处理机的资源或服务时,向主处理机发出服务请求,然后主处理机按某种优先级顺序响应从处理机的服务请求。管理程序一般不需要完整地编写成可重入的形式,可以使用分布式软件架构供一个处理机使用,但一些公用例程除外。主从式多机系统执行表中每次只有一个处理机在访问,不需要考虑执行表的存取冲突和拥塞管理问题,而且单主机和多从机的系统在硬件和软件实现上都比较容易,但灵活性较差。

主从式结构的主处理机是系统性能的瓶颈,当其故障时极易引起整个系统失效。当然也可使用非固定式主处理机结构,即当主处理机故障时,可在其他从处理机中选一台充当主处理机。另外,主从式结构分配任务比较困难,易造成部分从处理机资源闲置和系统效率下降,主要用于较轻工作负载场合或需要不同功能处理机的非对称多机系统中。

8051 单片机内置一个可同时发送和接收数据的全双工串行通信接口,具体参数设置可参考第 6.1.2 节的相关内容。

3. 实验内容及步骤

(1) 放置单片机。打开 Multisim,在菜单栏中单击"New"命令,新建一个电路窗口。在菜单中单击"Place",选择"MCU"→"805x"→"8051"。点击"OK"放置 8051,在图中放置好 8051 后会弹出窗口,如图 7.11 所示。单击"Browse"选择路径,或创建一个新的路径,本实验使用两块单片机,相应的开发文档适当分开,本例中第 1 块 8051 路径选择为"D:\MCU7_1_4\MCU7_1_4_1";在"Workspace name"可输入工作空间名称,在本例中命名为"MCU7_1_4_1"。再放置第 2 块 8051,其路径和工作空间类似修改为"MCU7_1_4_2"(图略)。

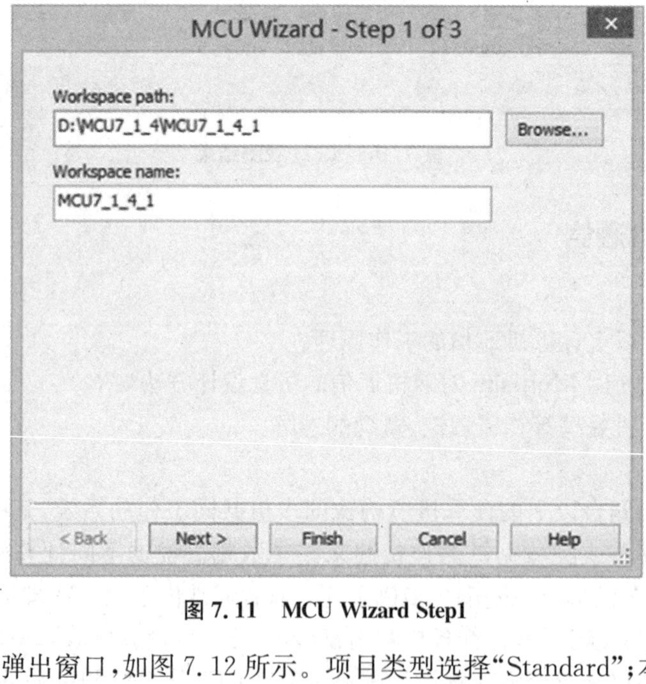

图 7.11　MCU Wizard Step1

单击"Next",弹出窗口,如图 7.12 所示。项目类型选择"Standard";本例中使用汇编语言,在"Programming Language"栏中选择"Assembly"汇编语言;"Project name"可以给本项目创建一个名称,第 1 块 8051 本例使用"MCU7_1_4_1"。第 2 块 8051 的项目名称类似修改为"MCU7_1_4_2"(图略)。

单击"Next",弹出窗口,如图 7.13 所示。选择"Add source file"项,本例中编辑源文件名为"MCU7_1_4_1.asm"。单击"Finish"完成 MCU Wizard。第 2 块 8051 的源文件名称类似修改为"MCU7_1_4_2.asm"(图略)。

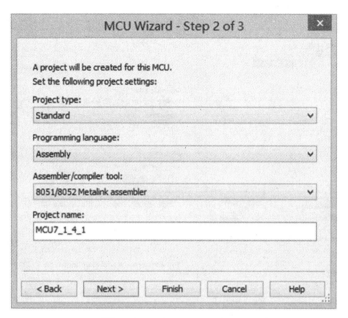

图 7.12 MCU Wizard Step2

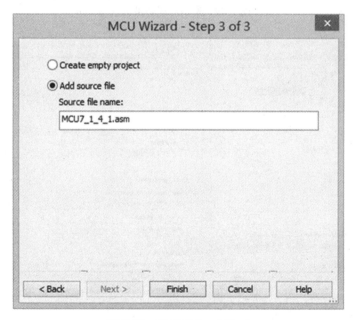

图 7.13 MCU Wizard Step3

（2）设置单片机参数。分别双击两块 8051，弹出窗口，修改"Clock speed"为 100 MHz，单击"OK"完成参数修改（此处图略）。两块 8051 在同一电路图中，但代码管理器互相有所不同，如图 7.14、图 7.15 所示。

（3）按图 7.16 所示连接好电路。在电路图中放置两条总线，分别命名为 U1Bus，U2Bus，并将各引脚连接至相应总线。

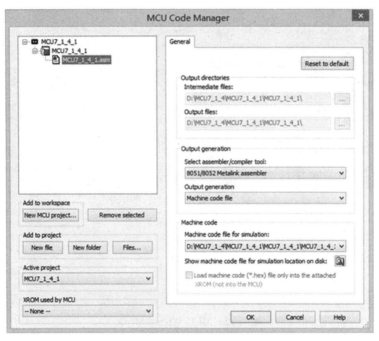

图 7.14　MCU U1 参数设置

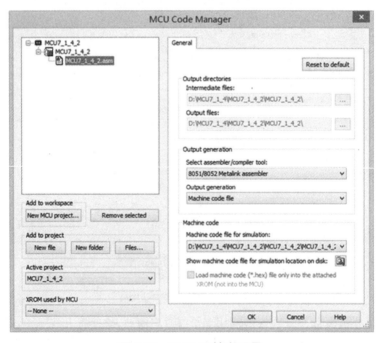

图 7.15　MCU U2 参数设置

注：RXD 是接收端，TXD 是发送端，两机串行通信时不遵守同名引脚相连的规则。如果两机 RXD 接 RXD，TXD 接 TXD，两者将永远接收不到对方的数据，因此必须把本机的 RXD 接对方的 TXD，本机的 TXD 接对方的 RXD，从而构成串行双向通信。另外，多机通信

时各机间波特率和数据格式要一致,确保正常通信。

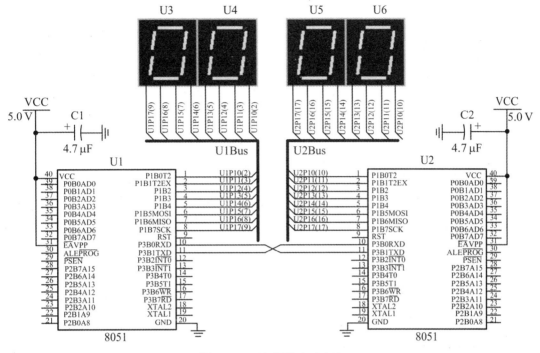

图 7.16 双机通信实验电路

(4) 输入代码。打开设计工具箱"Design Toolbox",如图 7.17 所示,分别编辑两块 8051 的代码。双击"MCU7_1_4_1.asm",进入 8051 U1 的代码编辑界面。

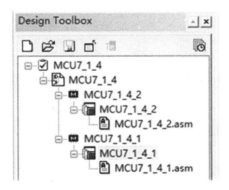

图 7.17 设计工具箱

在代码编辑界面输入以下代码:

```
ORG     00H
LJMP    START
ORG     20H
LJMP    RECE
ORG     40H
```

```
        LJMP    CLEA
START：
        MOV     SP,＃60H
        MOV     PCON,＃00H
        MOV     SCON,＃40H
        SETB    EA
        SETB    ES
        SETB    ET0
        MOV     TL0,＃18H
        MOV     TH0,＃63H
        MOV     TL1,＃0FFH
        MOV     TH1,＃0FFH
        MOV     TMOD,＃20H
        MOV     50H,＃1
        MOV     R1,＃0
        SETB    TR1
        MOV     A,＃00H
        MOV     P1,A
        MOV     SBUF,A
        SETB    TR0
        SJMP    $
RECE：
        MOV     TL0,＃18H
        MOV     TH0,＃63H
        DJNZ    50H,RETU
        MOV     50H,＃1
        DEC     R1
        CJNE    R1,＃0FFH,SEND
        MOV     R1,＃5
SEND：
        MOV     DPTR,＃DATA1
        MOV     A,R1
        MOVC    A,@A＋DPTR
        MOV     P1,A
        MOV     SBUF,A
RETU：
        RETI
CLEA：
        JNB     TI,ENDP
        CLR     TI
ENDP：
        RETI
```

DATA1：

  DB 31H,32H,33H,34H,35H,36H

  END

双击"MCU7_1_4_2.asm"，进入 8051 U2 的代码编辑界面。在代码编辑界面输入以下代码。

  ORG 00H

  LJMP START

  ORG 30H

  LJMP CLEA

START：

  MOV SP，♯60H

  MOV PCON，♯00H

  MOV SCON，♯40H

  SETB EA

  SETB ES

  MOV TL1，♯0FFH

  MOV TH1，♯0FFH

  MOV TMOD，♯20H

  SETB TR1

  MOV A，♯00H

  MOV P1，A

  SETB REN

  SJMP $

CLEA：

  JNB RI，ENDP

  CLR RI

  MOV A，SBUF

  MOV P1，A

ENDP：

  RETI

  END

（5）编译程序。完成代码输入后，点击菜单栏"MCU"，分别选择"MCU 8051 U1"和"MCU 8051 U2"中的"Build"完成编译。若出现错误则修改代码直至编译通过。

（6）运行程序。单击菜单"Simulate"下的"Run"或工具栏按钮，观察编译窗口最下栏的"Results"，若出现错误则修改错误直至正常运行。

（7）返回电路图窗口，观察并记录数码管 U3，U4，U5，U6 的工作情况。

4. 实验结果

刚启动时的实验结果如图 7.16 所示，数码管 U3，U4，U5，U6 均显示 0，表示串口通信尚未开始。随后的实验结果如图 7.18 所示。图中可以看到，U3，U4 显示了 U1 即将通过 TXD 发送的字符 36，为 ASCII 码字符"6"的 16 进制数码"36"（其十进制数码 54）。之后，U2 通过 RXD 收到 U1 发送过来的字符，并在 U5，U6 显示接收的字符，即 36，但 U2 的"36"显示比 U1 的"36"显示有一个微小时延。之后,U2 可以接收到 U1 陆续发送过来的字符串"6""5""4""3""2""1"的 16 进制数码,并在 U5,U6 中显示,证明双机实现了串行通信。可以进一步调整实验参数,观察数码管的变化并记录实验结果。

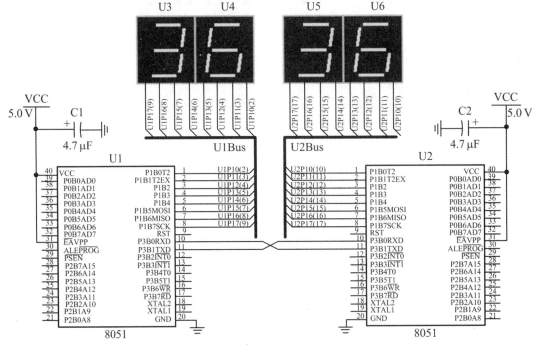

图 7.18　双机通信实验结果图

5. 实验思考

双机串行通信如何交换数据?

7.1.5　通信模块集成

1. 实验目的

(1) 了解计算机通信模块集成的工作原理。

(2) 熟练掌握使用 Multisim 对通信模块集成和子电路的仿真设计方法。

(3) 加深对计算机通信、集成电路等相关理论、概念的理解。

2. 实验原理

现在的电子计算机广泛使用集成电路(Integrated Circuit,IC)技术,不仅用于单机内部的各种模块,也用于不同计算机之间的通信网络连接。集成电路能够把一定数量的常用电子电路和元件(包括电阻、电容、晶体管等)之间的连接线路,借助半导体工艺集成制作在一个微小的芯片上。1947 年,美国贝尔实验室的约翰·巴丁(John Bardeen)、布拉顿(Walter Houser Brattain)、肖克莱(William Braford Shockley Jr.)三人发明了晶体管,开启了微电子技术和集成电路时代。1958～1959 年期间,杰克·基尔比(Jack Kilby)和罗伯特·诺伊斯(Robert Noyce)又分别发明了锗集成电路和硅集成电路。

集成电路按其功能和结构的不同,可分为模拟集成电路、数字集成电路及数/模混合集成电路三大类。

集成电路按导电类型的不同,可分为双极型集成电路和单极型集成电路,均为数字集成电路。双极型制作工艺较复杂,功耗较大,常用的有 TTL,ECL,HTL,LST-TL,STTL 等。单极型制作工艺较简单,功耗较低,易于制成大规模集成电路,常用的有 CMOS,NMOS,PMOS 等。

集成电路按制作工艺的不同,可分为半导体集成电路和膜集成电路。膜集成电路又分类为薄膜集成电路及厚膜集成电路。

集成电路按集成度高低的不同,可分为小规模集成电路(Small Scale Integrated Circuits,SSIC)、中规模集成电路(Medium Scale Integrated Circuits,MSIC)、大规模集成电路(Large Scale Integrated Circuits,LSIC)、超大规模集成电路(Very Large Scale Integrated Circuits,VLSIC)、特大规模集成电路(Ultra Large Scale Integrated Circuits,ULSIC)、巨大/极大/超特大规模集成电路(Giga Scale Integration Circuits,GSIC)。

Multisim14 提供了方便的子电路设计功能,可以将复杂的电路设计模块化、简单化、层次化,提高设计效率,减少设计时间。用户能够将常用的子电路制作成一个单元电路,存放于用户容器中,以便需要时反复调用。子电路的设计包括选择、创建、调用和修改几个过程。

可编程逻辑器件(Programmable Logic Device,PLD)是一种集成度很高的通用集成电路,用户可以通过对器件编程来确定其逻辑功能。20 世纪 70 年代,出现了只读存储器(Programmable Read only Memory,PROM)、可编程逻辑阵列器件(Programmable Logic Array,PLA)和 AMD 公司的可编程阵列逻辑(Programmable Array Logic,PAL)。20 世纪 80 年代,又出现了 Lattice 公司的通用阵列逻辑(Generic Array Logic,GAL)、Xilinx 公司的现场可编程门阵列(Field Programmable Gate Array,FPGA)、Altera 公司的可擦除可编程逻辑器件(Erase Programmable LogicDevice,EPLD)。

Multisim 内置了 PLD 器件和设计功能,包括使用现场可编程器件 FPGA、可编程逻辑器件 PLD、复杂可编程逻辑器件 CPLD、VHDL 语言编程器件、用 VerilogHDL 语言编程器件,甚至可以与专业 PLD 公司的软件结合开发,大大方便了 PLD 的设计与仿真。

3. 实验内容及步骤

(1) 新建一个电路窗口,命名为"IC1"。单击菜单"Place",选择其中的"New hierarchical block…",弹出窗口如图 7.19 所示。编辑文件名为"IC2",设置 4 个输入端口、1 个输出端口,单击"OK",完成文件建立。

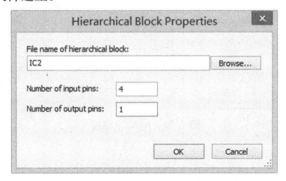

图 7.19　Hierarchical Block Properties

（2）打开设计工具箱"Design Toolbox"，如图 7.20 所示；双击"IC2（HB1）"，进入内部电路设计，按图 7.21 所示连接好电路。

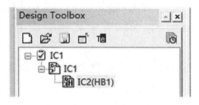

图 7.20　设计工具箱

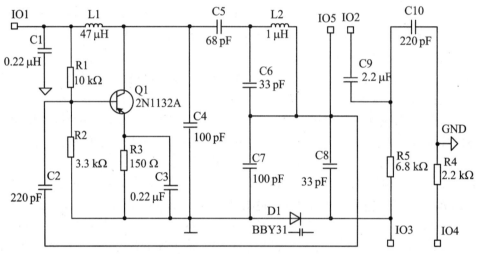

图 7.21　IC 模块内部电路图

（3）返回"IC1"窗口，按图 7.22 所示连接好电路，并设置好电路参数。在虚拟仪器仪表工具栏（Instruments Toolbar）中选择"Frequency counter"并放置频率计 XFC1，选择"Oscilloscope"并放置双通道示波器 XSC1。

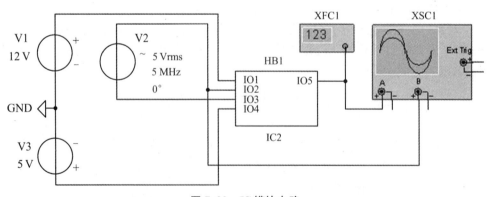

图 7.22　IC 模块电路

（4）单击 Multisim 仿真运行按钮。

（5）双击双踪示波器观察波形，双击频率计观察输出信号频率变化，观察并记录实验数据,分析实验现象。

4. 实验结果

实验结果如图 7.23、图 7.24 所示,验证了两个 IC 模块电路工作正常。

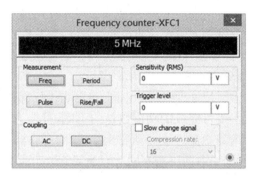

图 7.23   频率计显示

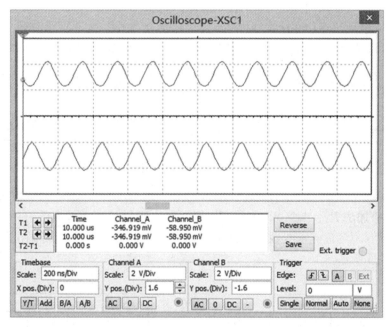

图 7.24   输出端波形图

5. 实验思考

通信模块集成在设计上要注意什么?

7.1.6   流水线技术

1. 实验目的

(1)了解计算机并行流水线的工作原理。

(2)熟练掌握使用 C 语言对流水线的仿真设计方法。

(3)加深对计算机并行流水线等相关理论、概念的理解。

2. 实验原理

流水线(pipeline)技术原本指工业制造中的流水线思想,首次由 Intel 公司引入到 80486 芯片中实现准并行处理,以便多台计算机或计算机的多个部件在同一时间重叠执行多条指令。在 CPU 中通常将 5~6 个不同功能的功能模块或单元组成一条流水线,执行一条指令前先将其分成 5~6 步,再分别输入流水功能单元并行执行,从而在一个 CPU 时钟周期就能执行一条指令,大大提高了计算机性能。经典的奔腾整数流水线分为取指令、译码、执行、写回结果四级,浮点流水线则分为八级。

流水线功能种类非常多。按处理级别的不同,可分为操作部件级流水线、指令级流水线和处理机级流水线。按流水线可完成的功能数量的不同,可分为单功能流水线和多功能流水线。多功能流水线又分为静态流水线和动态流水线,前者在同一时间只可按一种功能来连接各个功能部件,后者在同一时间可按不同功能连接各个功能部件。按处理对象的不同,可分为标量流水线和向量流水线。按流水线内部功能的不同,可分为线性流水线和非线性流水线。

例如,某 5 级动态多功能流水线如图 7.25 所示,加法操作为 1,2,3,5 段共 $5\Delta t$,乘法操作为 1,2,4,5 段共 $7\Delta t$,流水线的输出结果可以返回输入端或暂存于寄存器中。试用该流水线完成 $C = \sum_{i=0}^{3} A_i \times B_i$ 运算,并求该流水线的吞吐率、加速比和效率。

图 7.25 某 5 级多功能流水线

对于该流水线,先计算 4 个乘法 $M_0 = A_0 \times B_0$,$M_1 = A_1 \times B_1$,$M_2 = A_2 \times B_2$,$M_3 = A_3 \times B_3$,再计算 2 个加法 $P_0 = A_0 \times B_0 + A_1 \times B_1$,$P_1 = A_2 \times B_2 + A_3 \times B_3$,最后用一个加法计算总和 $P_2 = P_0 + P_1$(不考虑流水线数据访问冲突),即最终结果 C。据此,可画出该流水线的时空图,如图 7.26 所示。

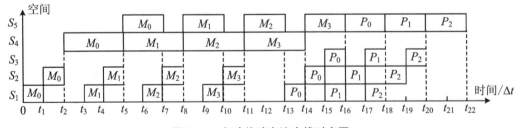

图 7.26 多功能动态流水线时空图

可见,该流水线在 $22\Delta t$ 可吐出 7 个结果,吞吐率可用参考文献[1]中公式,计算如下:

$$T_P = \frac{n}{\sum_{i=1}^{k} \Delta t_i + (n-1)\max(\Delta t_1, \Delta t_2, \cdots, \Delta t_k)} = \frac{7}{22\Delta t}$$

不使用流水线时,加法操作为 $5\Delta t$,乘法操作为 $7\Delta t$,吐出 7 个结果共 $(4 \times 7 + 3 \times 5)\Delta t = 43\Delta t$,可用参考文献[1]中公式,计算流水线加速比 $S_P = 43\Delta t / 22\Delta t \approx 1.9545$。

效率可参考文献[1]中公式计算,即由图 7.26 中各操作方框面积之和除以区域总面积得到:

$$\eta = \frac{n \cdot \sum\limits_{i-1}^{k} \Delta t_i}{k \cdot \left[\sum\limits_{i=1}^{k} \Delta t_i + (n-1)\max(\Delta t_1, \Delta t_2, \cdots, \Delta t_k) \right]} = \frac{(4 \times 7 + 3 \times 5)\Delta t}{5 \times 22\Delta t} \approx 0.3909$$

3. 实验内容及步骤

(1) 打开 C++编译系统,点击"新建",创建一个 C++源文件,如图 7.27 所示。保存文件名为 Pipeline.c 或 Pipeline.cpp,并选择保存位置,本例中路径选择为"D:\Pipeline",再点击"确定"按钮。

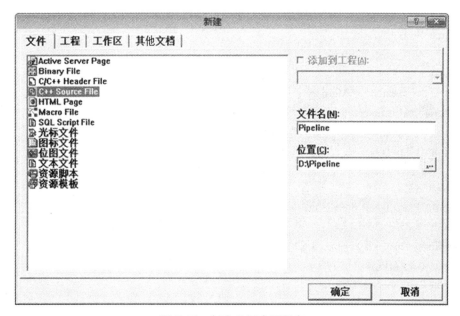

图 7.27 创建 C 语言源程序

(2) 在代码编辑界面输入以下代码:

```
//Pipeline.cpp
#include<cstdio>
#include<string>
#include <cstring>
using namespace std;
int mat[2][4] = {{1,1,1,2}, {1,1,3,2}}; // 多功能流水线

void main()
{
    int Stages, Functions, i, j, a, b;
    int Pipeline0=0,Pipeline1=0,Pipeline2=0,Pipeline3=0;
    double Speed,Performance;
```

```
double   Total=5;// 5 级流水线
Functions =sizeof(mat)/sizeof(mat[0]);
Stages =sizeof(mat[0])/sizeof(mat[0][0]);
printf("======Virtual Simulation of Computer Architecture======\n");
printf("==============Multiple parallel pipeline===============\n");
printf("Stages=%d,Functions=%d ", Stages，Functions);
printf("\n\n");
printf("Function/time   ");
printf("Fetching  Decoding  Operating  Writing_back");
printf("\n");
for(i=0; i<Functions; i++)
{
  if(i==0)
          printf("    Add            ");
  else
          printf("    Multiply          ");
  for(j=0; j<Stages; j++)
          printf("%d          ", mat[i][j]);
  printf("\n");
}
printf("\n");
printf("Please input the numbers of multiply a and add b[a,b<15]: ");
scanf("%d%d", &a, &b);
Pipeline0=mat[1][0]+mat[1][1];
for(i=0;i<a;i++)
  Pipeline0+=mat[1][2];
Pipeline0+=mat[1][3];
Pipeline1=mat[0][1];
for(i=0;i<b;i++)
  Pipeline1+=mat[0][2];
Pipeline1+=mat[0][3];
Pipeline2=Pipeline1+Pipeline0;
printf("%d results will be produced in %dt with pipeline\n",(a+b),Pipeline2);
for(i=0;i<a;i++) {
  Pipeline3+=mat[1][0];
  Pipeline3+=mat[1][1];
  Pipeline3+=mat[1][2];
  Pipeline3+=mat[1][3];
}
for(i=0;i<b;i++) {//计算加法
  Pipeline3+=mat[0][0];
  Pipeline3+=mat[0][1];
```

```
      Pipeline3+=mat[0][2];
      Pipeline3+=mat[0][3];
  }
  printf("%d results will be produced in %dt without pipeline\n",(a+b),Pipeline3);
  Speed=(double)Pipeline3/(double)Pipeline2;
  printf("The speedup of pipeline is:%lf\n",Speed);
  Performance=(double)Pipeline3/(Total*(double)Pipeline2);
  printf("The efficiency of pipeline is:%lf\n",Performance);
}
```

（3）编译程序。完成代码输入后,点击菜单栏或工具栏中的"Compile"进行编译,若出现错误则修改代码直至能够编译通过。

（4）运行程序。编译成功后,单击菜单栏或工具栏中的"BuildExecute"运行所编程序。

（5）运行以后,可见如图 7.28 所示的界面。在 DOS 命令框中输入乘法次数 a 和加法次数 b 为 4,3。按回车键后,即可看到计算结果。

4. 实验结果

实验结果如图 7.28 所示,请输入不同的乘法次数和加法次数,记录并分析实验结果。

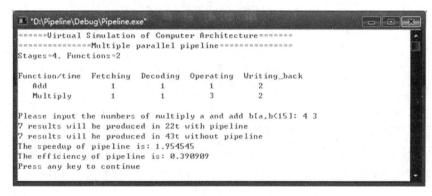

图 7.28　多功能并行流水线实验结果

5. 实验思考

增加流水线级数对流水线性能有何影响?

7.2　习题与解答

【**习题 7.1**】　设 a 是某向量机代码中可向量化部分的百分比,该机每次只能以一种模式工作:或者是向量模式,执行速度 $R_v=100$ MFLOPS;或者是标量模式,执行速度 $R_s=10$ MFLOPS。（1）试推导出该机平均执行速度 R_a;（2）若要使 $R_a=70$ MFLOPS,则 a 应为多少?（3）若 $R_s=20$ MFLOPS,$a=0.8$,要使 $R_a=60$ MFLOPS,则 R_v 应为多少?

解　（1）该机平均执行速度为 $R_a=R_v\times a+R_s\times(1-a)$;

（2）根据（1）中公式,有 $70=100a+10(1-a)$,得 $a=2/3$;

（3）根据（1）中公式，有 $60=R_v\times0.8+20(1-0.8)$，得 $R_v=70$ MFLOPS。

【习题 7.2】 若用 200 个 CPU 达到 70 的加速比，求原程序中串行部分所占最大比例？

解 根据参考文献[1]中并行处理的 Amdahl 定律公式，有

$$并行理加速比=\cfrac{1}{(1-并行部分比例)+\cfrac{并行部分比例}{理论加速比}}$$

即

$$70=\cfrac{1}{(1-并行部分比例)+\cfrac{并行部分比例}{200}}$$

求得：并行部分比例≈0.9907，即串行部分比例约为 $1-0.9907=0.0093$。

【习题 7.3】 某机有 n 台处理器，a 为可以同时执行的代码的百分比，其余代码必须用单机顺序执行，单机节点的处理效率 $x=20$ MIPS。当 $a=0.9$ 时，要让系统的效率达到 100 MIPS，则 n 应为多少？

解 根据参考文献[1]中并行处理的 Amdahl 定律公式，有

$$并行理加速比=\cfrac{1}{(1-并行部分比例)+\cfrac{并行部分比例}{理论加速比}}$$

即

$$\frac{100}{20}=\cfrac{1}{(1-0.9)+\cfrac{0.9}{n}}$$

求得 $n=9$。

【习题 7.4】 假定某共享存储器多机系统有 p 台处理机，共执行 n 条指令，使用本地存储器的单处理机 MIPS 速率为 x，共享存储器的平均存储时间为 t，处理机每条指令访问全局存储器的平均次数为 m。假设 $p=128,m=0.3,t=100$ ns，多机系统性能为 1000 MIPS，求 x。

解 由于 $MIPS=p\times x/(1+m\times x\times t)$，即 $1000=128\times x/(1+0.3\times x\times0.1)$，得 $x\approx10.20$。

【习题 7.5】 假设执行加法需 10 ns，执行乘法需 20 ns。在 SISD 计算机中数据传送时间可以忽略不计；而在 SIMD 和 MIMD 计算机中，数据在两个计算单元 PE 间传送需要 5 ns。在下列 3 种计算机系统中，计算下列表达式所用的时间分别为多少？

$$S=\prod_{i=0}^{7}(A_i+B_i)$$

（1）具有一个通用 PE 的 SISD 系统；（2）具有一个加法器和一个乘法器的 SISD 系统；（3）具有 8 个 PE 的 SIMD 系统，PE 间以线性环方式互联并以单向方式传送数据。

解 （1）在 SISD 系统中，无需移数，该表达式需要串行计算 8 次加法和 7 次乘法。有
$$10\times8+20\times7=220\text{ ns}$$

（2）具有一个加法器和一个乘法器的 SISD 系统，无需移数，该表达式需依次串行执行 2 次加法和 7 次乘法，其余 6 次加法可与乘法并行执行。有

$$10×2+20×7=160 \text{ ns}$$

(3) 在 SIMD 机上,首先将 8 个加法分配到 8 个 PE 上;然后 4 个 PE 同时将加法结果移数 1 次,在另外 4 个 PE 上执行 4 次乘法;然后 2 个 PE 同时将乘法结果移数 2 次,再在另外 2 个 PE 上执行 2 次乘法;最后再移数 4 次并执行 1 次乘法,得到最终结果。有

$$10×1+20×\log_2 8+5×(1+2+4)=105 \text{ ns}$$

【习题 7.6】 某机器有 16 个浮点向量寄存器,在 V0～V5 中分别存有长度均为 8 的向量 A～F。有两个单功能流水线,加法部件时间为 3 拍,乘法部件时间为 4 拍,寄存器入、出各需 1 拍。采用类似 Cray1 的链接技术,先计算 $(A+B)×C$,流水线不停流时接着计算 $(D+E)×F$。(1) 求该链接流水线的通过时间? (2) 若每拍时间为 0.5 ns,计算完将结果存入寄存器,求实际吞吐率?

解 (1) 假设加法部件的结果 $A+B$ 存入 V6,$D+E$ 存入 V7;乘法部件的结果 $(A+B)×C$ 存入 V8,$(D+E)×F$ 存入 V9;通过时间即为 $[(A+B)×C]$ 或 $[(D+E)×F]$ 的计算时间:

$$T_{通}=(1+3+1)+(1+4+1)=11(拍)$$

(2) 计算完 $[(A+B)×C]$ 或 $[(D+E)×F]$ 之后,另一组计算就无需额外的时间,向量长度均为 8,每拍时间为 0.5 ns,则计算时间为

$$T=[T_{通}+(8-1)]+8=26(拍)=13 \text{ ns}$$

有 $(A+B)$,$(A+B)×C$,$(D+E)$,$(D+E)×F$ 共 4 条浮点向量指令,而每条指令完成 8 个浮点运算,因此浮点运算总数为 32 个。

实际吞吐率 $T_P=\dfrac{32}{T}=\dfrac{32}{13×10^{-9}}=2.4615×10^9 \text{FLOPS}=2461.5 \text{MFLOPS}$。

【习题 7.7】 内存中有向量 X 和标量 c,从内存读一个数据到寄存器需 2 ns,一次加法需 4 ns,一次乘法需 8 ns,忽略取指令、译码、读寄存器、写寄存器的时间。在下列 3 种类型处理机上计算下式,求最短执行时间。

$$S=\prod_i^7 (X_i+c)$$

(1) 向量处理机,有访问存储器、加法、乘法三个独立的流水线结构操作部件,流水线周期为 2 ns。最后 4 个数的乘积可用标量流水线方式求得。(2) 分布式存储器的 SIMD 并行处理机,8 个 PE 用移数网连接,向量 X 分布于各 PE 的本地存储器中,标量 c 存放于 CU 的存储器中,CU 广播一个数据到全部 PE 或在相邻 PE 间传送一个数据均为 1 ns,结果 S 能放于任意 PE 的寄存器中。(3) 分布存储器的 MIMD 多处理机,8 个 PE 用立方体网连接,向量 X 分布存放于各个 PE 的本地存储器中,标量 a 存放于 0 号 PE 的存储器中,相邻 PE 间传送一个数据需 1 ns,结果 S 可放于任一 PE 的寄存器中。

解 (1) 对于该流水线,$Δt=2$ ns,可画出该流水线的时空图,如图 7.29 所示。

第 1 步,先从内存取 8 个加法所需的数,假设先取 X_i,再取 c,两个操作无冲突,可并行执行,一个取数操作执行时间 $1Δt=2$ ns。即 $1Δt$ 后可进行加法运算。

第 2 步,再链接计算 8 个加法,使用加法流水线,一个加法操作执行时间 $2Δt=4$ ns。$A_0=(X_0+c)$,$A_1=(X_1+c)$,$A_2=(X_2+c)$,$A_3=(X_3+c)$,$A_4=(X_4+c)$,$A_5=(X_5+c)$,$A_6=(X_6+c)$,$A_7=(X_7+c)$。$3Δt$ 后可得两个加法结果进行乘法运算。

第 3 步,再链接计算 4 个乘法,使用乘法流水线,一个乘法操作执行时间 $4\Delta t = 8$ ns。$P_0 = (X_0 + c) \times (X_1 + c)$,$P_1 = (X_2 + c) \times (X_3 + c)$,$P_2 = (X_4 + c) \times (X_5 + c)$,$P_3 = (X_6 + c) \times (X_7 + c)$。共需 $10\Delta t$。

第 4 步,最后 4 个数的乘积可用标量流水线方式求得,$P_{01} = P_0 \times P_1$,$P_{23} = P_2 \times P_3$,$S = P_{01} \times P_{23}$;即 $9\Delta t$ 后可得最终结果。

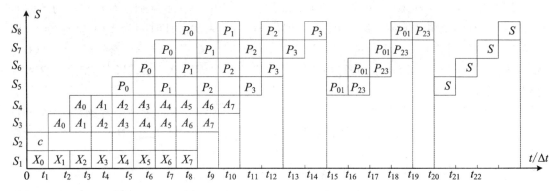

图 7.29   多功能流水线时空图($\Delta t = 2$ ns)

则最短执行时间 $T_{\min(1)} = 1\Delta t + 3\Delta t + 10\Delta t + 9\Delta t = 23\Delta t = 23 \times 2 = 46$ ns。

(2) 在 SIMD 机上,首先用 1 个取数周期为 8 个 PE 分别取 2 个数,取 X_i 需 2 ns,同时 CU 可并行执行广播标量 c 需 1 ns;再用 1 个加法周期(4 ns)将 8 个加法分配到 8 个 PE 上执行;然后 4 个 PE 同时将加法结果移数 1 次(1 ns),在 4 个处理机上执行 4 次乘法(8 ns);然后 2 个处理机同时将乘法结果移数 2 次(1 ns),再执行 2 次乘法(8 ns);不断循环,最后再执行 4 次移数($1\Delta t$)和 1 次乘法(8 ns),得到最终结果。则最短执行时间

$$T_{\min(2)} = 2 \times 1 + 4 \times 1 + 8 \times \log_2 8 + 1 \times (1 + 2 + 4) = 37 \text{ ns}$$

(3) 立方体网络如图 7.30 所示。计算过程需要执行从内存读数据 1 个周期(2 ns)并广播移数 1 个周期(1 ns);再执行加法 1 个周期(4 ns)并移数 1 周期(1 ns);再执行乘法 3 个周期(8 ns)并移数 2 个周期(1 ns),但最后 1 次乘法不再移数。

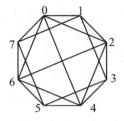

图 7.30   立方体网络图

则最短执行时间

$$T_{\min(3)} = (2 + 1) + (4 + 1) + (8 + 1) + (8 + 1) + 8 = 34 \text{ ns}$$

第8章　生物计算机

8.1　MATLAB 基础

8.1.1　主界面

MATLAB 是美国 MathWorks 公司开发的科学计算平台,由"Matrix"和"Laboratory"两个词组合而成,意即矩阵实验室或矩阵工厂,是当前世界上科学计算领域最著名的软件之一。MATLAB 主要通过 MATLAB 语言和 Simulink 模块两种方式提供计算语言工具和交互式仿真环境,使用了一个高度集成的、便于操作的视窗环境,可用于数值计算、数据分析、算法开发、数据可视化领域等。

本节将简单介绍 MATLAB 2018 用户界面的基本操作。MATLAB 2018 安装成功并启动后,可以看到如图 8.1 所示的用户界面。

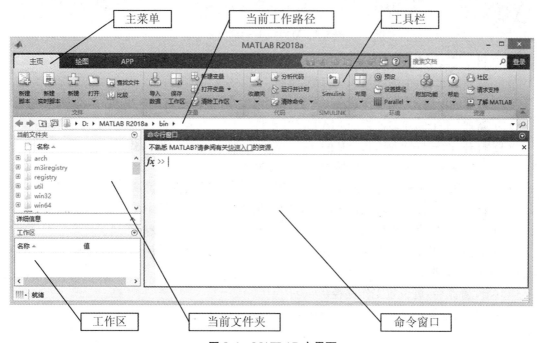

图 8.1　MATLAB 主界面

可见,MATLAB2018 用户界面由以下几个基本部分组成。

(1) 主菜单:包括了 MATLAB 软件几乎所有的人机交互功能。

（2）工具栏：以分区形式展示了 MATLAB 菜单的人机交互功能键。

（3）工作区：显示当前内存中所有的 MATLAB 变量的变量名、数据结构、字节数及数据类型等信息。

（4）命令行窗口：MATLAB 的运行窗口，用户可以在此输入各种指令、函数、表达式等，也可以看到相应的计算结果输出。

（5）当前工作路径：用于显示和保存当前文件所在的路径。

8.1.2 主菜单

MATLAB 2018 的菜单栏提供了该软件的大部分功能命令，如图 8.2 所示。菜单栏从左到右主要分为主页、绘图、APP、编辑器、发布、视图等几个主菜单；每个主菜单又分为若干个工作区，如主页菜单包括文件、变量、代码、SIMULINK、环境、资源等几个工作区。文件工作区又包括新建脚本、新建实时脚本、新建、打开、查找文件和比较等功能键；变量工作区包括导入数据、保存工作区、新建变量、打开变量、清除工作区等功能键；代码工作区包括收藏夹、分析代码、运行并计时、清除命令等功能键；SIMULINK 工作区只有 Simulink 功能键；环境工作区包括布局、预设、设置路径、Parallel、附加功能等功能键；资源工作区包括帮助、社区、请求支持、了解 MATLAB 等功能键。

图 8.2　MATLAB 的菜单栏

常用的主要功能如下：

（1）新建脚本：用于创建新的.m 脚本文件。

（2）新建实时脚本：用于在单个交互式环境中编写、执行和测试代码。

（3）新建：用于创建多种新的 MATLAB 文件。

（4）打开：能够打开 MATLAB 的.m、.fig、.mat、.mdl、.cdr 等格式文件。

（5）查找文件：用来在指定区域查找相关的文件。

（6）导入数据：用于从指定的路径和位置导入其他文件数据。

（7）保存工作区：用于将工作区的数据存放到相应的路径文件中。

（8）布局：可提供工作界面上各个组件的布局选项，并提供预设的布局。

（9）预设：用于设置命令窗口的属性，单击后可弹出如图 8.3 所示的属性界面，供用户对属性做进一步调整。

（10）设置路径：可设置工作路径。

（11）帮助：能够打开帮助文件或其他帮助方式，为用户提供帮助信息。

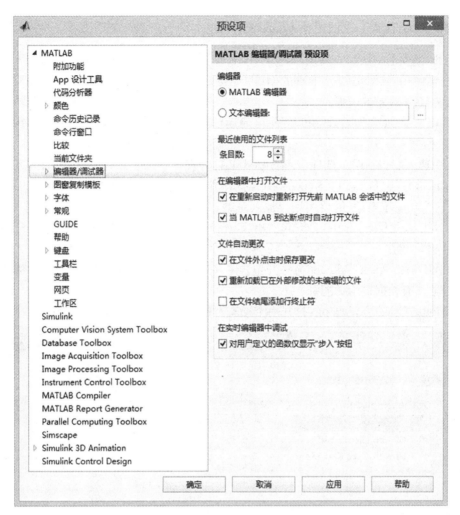

图 8.3　"预设项"对话框

8.1.3　工作区

工作区窗口显示当前内存中所有的 MATLAB 变量的变量名、数据结构、字节数及数据等信息,如图 8.4 所示。通过点击工作区选定的变量名可以查看该变量的相关信息。

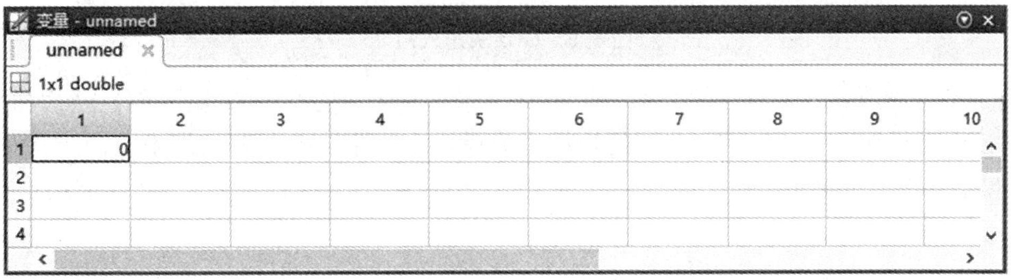

图 8.4　变量工作区

8.1.4　MATLAB GUIDE 界面基本操作

GUIDE 提供了一系列工具用于建立 GUI(Graphical User Interface,图形用户界面)对象,用户能够使用 GUIDE 设计丰富的 GUI 人机交互界面,使用 GUI 编程极大简化了用户设计和建立 GUI 对象的过程。

在 MATLAB 命令行输入"guide"便可启动创建 GUI 的界面图,并带有预览功能,如图 8.5 所示。

GUI 快速入门包括两个选项卡:新建 GUI、打开现有 GUI。新建 GUI 包括以下 4 种:

(1) Blank GUI(Default):默认的 GUI 打开方式,是一个空的 GUI 样板,打开后在编辑区没有任何 figure 子对象,需要由用户加入对象。

(2) GUI with Uicontrols:打开包含有 Uicontrols 对象的 GUI 编辑器,这些 GUI 对象具有单位换算功能。

(3) GUI with Axes and Menu:打开包含一些坐标轴和菜单图形对象的 GUI 编辑器,这些 GUI 对象具有数据描绘功能。

(4) Modal Question Dialog:打开一个模态对话框的编辑器,默认是一个问题对话框。

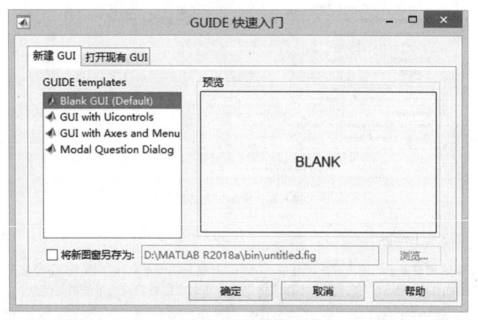

图 8.5　GUI 快速入门

进入默认的 Blank GUI 样板后,可以看到如图 8.6 所示的 GUI 编辑界面。然后根据自己的求解问题和设计的需要,在左侧的控件栏选择相应的控件放入右侧网格空白位置,就能便捷地实现 GUI 界面的设计。

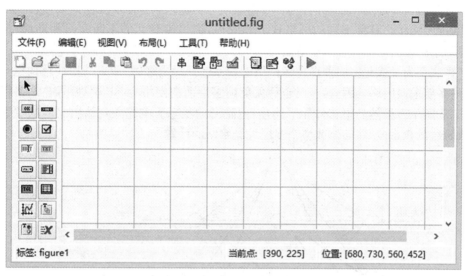

图 8.6　Blank GUI 界面

8.2　仿 真 实 验

8.2.1　神经网络 MATLAB 仿真

1. 实验目的

（1）熟悉 MATLAB 基本操作界面和命令，掌握 MATLAB 编程、调试的方法，了解使用 MATLAB 求解科学问题的基本方法和步骤。

（2）掌握神经网络的基本原理和设计方法，熟练掌握工具箱使用和神经网络编辑器设计，能够熟练运用 BP 神经网络模型完成对问题的求解。

（3）加深对神经网络相关理论、概念的理解。

2. 实验原理

1943 年，心理学家 Warren McCulloch 和数理学家 Walter Pitts 首次提出了神经网络的数学模型，即以两人姓名的首字母命名的 MP 模型，并提出了神经元的数学描述方法、网络结构模型和逻辑执行功能。1969 年，M. Minsky 等出版了《Perceptron》一书，首次使用大量的神经元节点相互联接构成神经网络（Artificial Neural Network，ANN）系统，利用每个节点的输出激励函数（Activation Function）和节点间的加权值不断训练和更新而求解。

2006 年，Hinton 等人为解决深层结构优化问题首次提出深度学习（Deep Learning），提出了深度置信网络（Deep Belief Network，DBN）和非监督贪心逐层训练算法，之后还提出多层自动编码器的深层结构。2015 年，Le Cun 等人在《Nature》上首次提出了真正多层结构学习算法——卷积神经网络（Convolutional Neural Networks，CNN），能够根据空间相对关系自行减少参数数目从而提高学习性能。

BP 神经网络是一种信号前向传递、误差反向传播的多层前馈神经网络，包括输入层、隐层(可以有多层)、输出层。在前向传递中,输入信号从输入层经隐层逐层处理,直至输出层,每一层的神经元状态具有不同的网络权值和阈值,通过神经元的不断学习和训练,从而使BP神经网络的输出不断逼近期望输出。

BP算法是为了优化多层前向神经网络的权系数而提出来的,所以其拓扑结构也是一种无反馈的多层前向网络。因此,有时也称无反馈多层前向网络为BP模型。BP网络结构一般如图8.7所示。虽然隐层和外界不连接,但隐层的状态影响输入与输出之间的关系。因此,修改隐层的权系数,能够修改整个多层神经网络的性能。

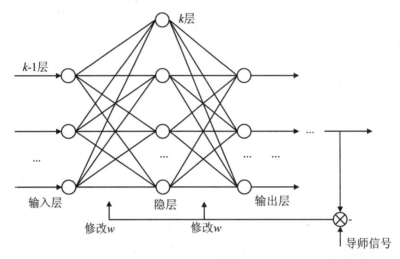

图8.7　BP模型学习结构

BP算法的实质是求误差函数最小值的问题,采用非线性规划中的最速下降法。

取输出单元期望输出 y_i 和第 m 层实际输出 x_i^m 之差的平方和为误差函数,有

$$e = \frac{1}{2} \sum_i (x_i^m - y_i)^2 \tag{8.1}$$

其中,y_i 也用作导师信号。由于BP算法按误差函数 e 的负梯度的方向修改权系数,则权系数 w_{ij} 的修改量 Δw_{ij} 与误差函数 e 有以下关系:

$$\Delta w_{ij} \propto - \frac{\partial e}{\partial w_{ij}} \tag{8.2}$$

3. 实验内容及步骤

(1) 运行电脑中的 MATLAB 软件,点击"新建",新建出一个脚本文件,命名为 m8_1.m。

(2) 在文件中输入以下代码:

```
% m8_1.m
close all;
clc;
clear;


%参数初始化
Data1=[1.38,1.49;1.25,1.68;1.23,1.64;1.41,1.90;1.52,1.87;    %训练数据 Data1
```

1.33,1.82;1.51,1.79;1.46,1.86;1.54,2.11;1.43,2.23];
Data2＝[1.26,1.78;1.32,1.87;1.17,1.91;1.45,2.13   ％训练数据 Data2
1.35,2.21;1.44,1.80;1.48,1.96];
Data＝[Data1;Data2];
Mm＝minmax(Data)
Objective＝[ones(1,10),zeros(1,7);zeros(1,10),ones(1,7)];   ％Data 的输出结果

％创建 BP 神经网络
Bp_nns＝newff(Mm,[2,3,2],{'logsig','logsig','logsig'});
％训练参数设置
Bp_nns. trainParam. show = 5;
Bp_nns. trainParam. lr = 0.02;
Bp_nns. trainParam. Objective = 1e−7;
Bp_nns. trainParam. epochs = 3000;
％神经网络训练
Bp_nns = train(Bp_nns,Data,Objective);
Input＝[1.31 1.75;1.34 1.97;1.52 2.16]';

％训练结果输出
Output1＝sim(Bp_nns,Data1')
Output2＝sim(Bp_nns,Data2')
Output＝sim(Bp_nns,Input)

（3）点击"运行"按钮,观察并记录实验结果,分析实验现象和实验数据。

4. 实验结果

BP 神经网络训练结果如图 8.8 所示。在神经网络图形用户界面,可以看到"Neural Network""Algorithms""Progress""Plots"等区域,最下边还能观察到"Minimum gradient reached"的提示信息,以及按键"Stop Training""Cancel"。

"Neural Network"能够观察神经网络的拓扑结构,包括输入节点(Input)、神经网络的分层(Layer)及各层节点数、输出节点(Output)。图 8.8 中包括输入、输出在内共 5 层,每层 2 个节点,中间层 3 个节点。

"Algorithms"用于观察算法参数,包括训练函数(Training)、性能(Performance)、计算方式(Calculations)。图 8.8 中,Training＝Levenberg-Marquardt(trainlm),Performance＝Mean Squared Error(mse),Calculations＝MEX。

Progress 能够观察神经网络的中间计算结果,包括代数(Epoch)、时间(Time)、性能(Performance)、粒度(Gradient)、学习误差(Mu)、验证样本数据(Validation Checks)。图 8.8中,Epoch＝140iterations,Time＝0：00：00,Performance＝1.78e−10,Gradient＝2.97e−08,Mu＝1.00e−17,Validation Checks＝0。

Plots 能够观察神经网络的图形化结果,包括性能(Performance)、训练状态(Training State)、回归参数(Regression)、绘图间隔(Plot Interval)。

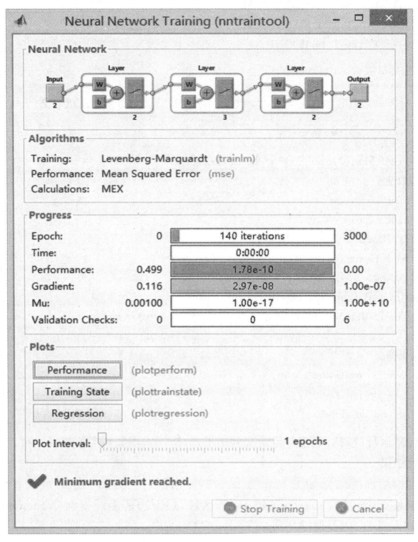

图 8.8　神经网络训练结果

5. 实验思考

调整神经网络的结构,包括层次数、每层节点数、拓扑结构,对问题求解有何影响?

8.2.2　细胞自动机 MATLAB 仿真

1. 实验目的

(1) 熟悉 MATLAB 基本操作界面和命令,掌握 MATLAB 编程、调试的方法,了解使用 MATLAB 求解科学问题的基本方法和步骤。

(2) 了解细胞自动机算法的基本原理,掌握细胞自动机的基本设计方法,能够运用细胞自动机求解问题。

(3) 加深对细胞自动机相关理论、概念的理解。

2. 实验原理

最早在 20 世纪 40 年代,由冯·诺依曼(John von Neumann)和斯坦尼斯(Stanislaw Ulam)根据生物细胞行为特征首次提出了细胞自动机(Cellular Automata,Cellular Automaton,CA),也称为元胞自动机(Cellular Automaton),使用大量简单的基本单元就能够模拟自然界里具有自组织行为的系统,开启了人类仿生理论和方法的先河。

细胞自动机,也译为元胞自动机、点格自动机、分子自动机或单元自动机,是一种时间和空间都离散的动力系统。处于有限离散状态的每一个细胞或元胞散布在规则网格中,遵循同样的作用规则进行同步更新。细胞自动机模型的基本思想是:虽然自然界里有许多复杂的结构和过程,都只是由大量简单的基本单元组成的,单元间的简单相互作用就可构成系统的动态演化。所以,各种细胞自动机理论上可模拟任何复杂事物的演化过程。

细胞自动机可以看作由一个细胞空间和该空间的变换函数组成(见图 8.9),最基本的四个部分包括细胞(元胞)、邻居、细胞空间及规则,以及状态和时间参数。

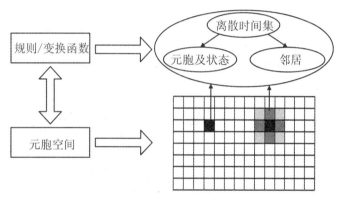

图 8.9　细胞自动机构成图

元胞自动机的局部映射或局部规则,即状态转移函数或动力学函数 f。细胞自动机的规则是,某细胞下一时刻的状态只取决于自身的初始状态和邻居的状态。

$$f:S_i^{t+1} = f(S_i^t, S_N^t) \tag{8.3}$$

进而,细胞自动机可以概括为一个四元组:

$$A = (L_d, S, N, f) \tag{8.4}$$

其中,A 为一个细胞自动机;L_d 为细胞空间,d 为空间维数;S 为有限离散的细胞状态集合;N 表示邻域内包括中心细胞在内的所有细胞组合;f 是映射或规则。

本实验以森林火灾仿真为例,是在模仿失去人为控制的情况下,自然界森林中的随机性火灾在森林中蔓延和扩散的行为。森林火灾会受到风力的影响,对森林和树木带来一定危害,同时森林中的树木也会受到邻近树木的燃烧影响,导致自身燃烧,从而造成火势蔓延。另外,森林也有一定的自生长能力,能够从燃烧结束的空地中重新生长。

3. 实验内容及步骤

(1) 运行电脑中的 MATLAB 软件,点击"新建",新建出一个脚本文件,命名为 m8_2. m。

(2) 在文件中输入以下代码:

```
% m8_2. m
%规则 1：正在燃烧的树(2)变成空地(0)；
%规则 2：如果绿树(1)的邻居中有 1 个燃烧的树(2)，则以概率 Fire_possibility 变成燃烧的树(2)；
%规则 3：在空地(0)，树以概率 Newborn_possibility 生长(1)；

close all；
clc；
clear；

Max_iteration＝30；                               % 迭代次数
Forest_Dimension＝64；                            % 森林大小
Newborn_possibility＝0.005；                       % 生长概率
Fire_possibility＝0.9；                            % 着火概率
Possibility＝[]；                                  % 中心绿树着火的概率
Wind_affect＝0.4；                                 % 风力影响火势的概率
Wind_direction＝pi/4；                             % 风向角度
Neighbour＝[cos(Wind_direction)；sin(Wind_direction)]；  % 邻居计算
for i＝1：3；
    for j＝1：3；
        Possibility(i,j)＝[i－2,j－2] * Neighbour * Wind_affect/sqrt((i－2)^2＋(j－2)^2)＋Fire_possibility；
    end
end
Possibility(2,2)＝0；

Tree＝randi(2,Forest_Dimension)－1；               % 树木矩阵
Tree(randi(Forest_Dimension^2))＝2；
Forest＝ones(Forest_Dimension＋2,Forest_Dimension＋2,3)；
Forest(2：Forest_Dimension＋1,2：Forest_Dimension＋1,1)＝(Tree～＝1)；  % 绿色(1)＝绿树
Forest(2：Forest_Dimension＋1,2：Forest_Dimension＋1,2)＝(Tree～＝2)；  % 红色(2)＝燃烧的树
Forest(2：Forest_Dimension＋1,2：Forest_Dimension＋1,3)＝(Tree＝＝0)；  % 白色(0)＝空地
imshow(Forest,'InitialMagnification','fit')；
Iterations＝0；                                    % 迭代次数

for Iterations＝1：Max_iteration
    New_tree＝Tree；                               % 新森林矩阵
    New_tree(Tree＝＝2)＝0；                         % 规则 1
    New_tree＝New_tree＋(Tree＝＝0). * (rand(Forest_Dimension)＜Newborn_possibility)；
                                                  %规则 3
    Zero_tree＝zeros(Forest_Dimension＋2)；          % 规则 2
    Zero_tree(2：Forest_Dimension＋1,2：Forest_Dimension＋1)＝Tree；
    Unfired＝Zero_tree；
    Unfired(2：Forest_Dimension＋1,2：Forest_Dimension＋1)＝New_tree；
```

```
        for i＝2:Forest_Dimension＋1;
            for j＝2:Forest_Dimension＋1
                if Zero_tree(i,j)＝＝1;
                    for Find_tree1＝1:3
                        for Find_tree2＝1:3;
                            if Zero_tree(i＋Find_tree1－2,j＋Find_tree2－2)＝＝2;
                                Possibility_temp＝(1－Possibility(Find_tree1,Find_tree2))＊Fire_possibility;
                                Fire_possibility＝Possibility_temp;
                            end
                        end
                    end
                    if rand＜(1－Fire_possibility)            ％ 中心绿树未着火
                        Unfired(i,j)＝2;
                    end
                    Fire_possibility＝1;
                end
            end
        end

        Tree＝Unfired(2:Forest_Dimension＋1,2:Forest_Dimension＋1);
        Find_tree1＝find(Tree＝＝1);
        Forest＝ones(Forest_Dimension＋2,Forest_Dimension＋2,3);
        Forest(2:Forest_Dimension＋1,2:Forest_Dimension＋1,1)＝(Tree～＝1);
        Forest(2:Forest_Dimension＋1,2:Forest_Dimension＋1,2)＝(Tree～＝2);
        Forest(2:Forest_Dimension＋1,2:Forest_Dimension＋1,3)＝(Tree＝＝0);
        imshow(Forest,'InitialMagnification','fit');
        title(['森林大小＝',num2str(Forest_Dimension),',  迭代次数＝',num2str(Iterations)]);
        pause(0.05);
    end
```

（3）点击"运行"按钮,观察并记录实验结果。

4. 实验结果

细胞自动机仿真森林火灾结果如图 8.10 所示,分析实验现象和实验数据。

5. 实验思考

调节每个参数,对仿真结果有何影响?

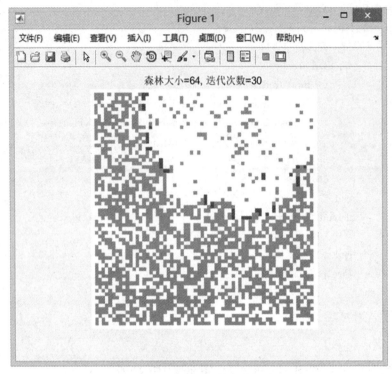

图 8.10　细胞自动机仿真森林火灾

8.3　习题与解答

【**习题 8.1**】　请编程完成 BP 神经网络学习机制。

解　具体步骤详见第 8.2.1 节,调整实验参数,观察和分析实验现象。

【**习题 8.2**】　请编程完成细胞自动机,模拟森林火灾。

解　具体步骤详见第 8.2.2 节,调整实验参数,观察和分析实验现象。

第 9 章　光 计 算 机

9.1　仿 真 实 验

9.1.1　夫琅禾费衍射

1. 实验目的

(1) 熟悉 MATLAB 基本操作界面和命令,掌握 MATLAB GUI 设计的基本方法,以及编程、调试的方法,了解使用 MATLAB 求解光学问题的基本方法和步骤。

(2) 掌握光学的波动衍射现象和基本原理,通过仿真实验直观地了解光的波动性,设计实验方案观察夫琅禾费衍射的实验结果。

(3) 加深对光学衍射相关理论、概念的理解。

2. 实验原理

夫琅禾费衍射属于光的波动衍射的一种,又称远场衍射,如图 9.1 所示。当光波通过圆孔或狭缝时会发生夫琅禾费衍射,由于观测点的远场位置,衍射波通过圆孔向外运动时有渐趋平面波的特性,从而导致光波成像的大小发生改变。

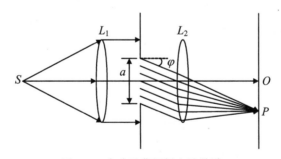

图 9.1　夫琅禾费衍射实验装置

在图 9.1 中,波长为 λ 的单色点光源 S 置于透镜 L_1 的物方焦点 f 处,产生的平行光垂直入射到障碍物上,远处的衍射图样借助于透镜 L_2 移至 L_2 的像方焦平面上。当平行单色光以角度 φ 从宽度为 a 的单缝入射时,产生单缝衍射条纹的条件为

$$a\sin\varphi = \begin{cases} 0 & \text{中央明纹中心} \\ \pm k\lambda\,(k=1,2,3,\cdots) & \text{暗条纹} \\ \pm(2k+1)\dfrac{\lambda}{2}\,(k=1,2,3,\cdots) & \text{明条纹} \end{cases} \tag{9.1}$$

据此,可知中央明纹的线宽为

$$l_0 = 2x_1 = 2\frac{\lambda f}{a} \tag{9.2}$$

中央明纹的角宽为

$$\Delta\varphi_0 = 2\varphi_1 = 2\frac{\lambda}{a} \tag{9.3}$$

第一级暗纹距中心的间距为

$$x_1 = \varphi_1 f = \frac{\lambda}{a}f \tag{9.4}$$

其他任意相邻的两暗纹间距即为相邻明纹的线宽度,则

$$l = \varphi_{k+1}f - \varphi_k f = \frac{\lambda}{a}f \tag{9.5}$$

其他明纹的角宽为

$$\Delta\varphi = \varphi_{k+1} - \varphi_k = \frac{\lambda}{a} \tag{9.6}$$

3. 实验内容及步骤

(1) 运行电脑中的 MATLAB 软件,在命令行窗口输入"guide"命令,并按下 Enter 键,打开 GUI 向导界面。

(2) 在弹出窗口中选择"Blank GUI"选项,保存为"m9_1.fig",点击"确定"按钮保存文件,同时进入 GUI 设置界面。

(3) 在文件中绘制图 9.2 所示图形界面。从左侧控件栏中拖放 3 个"静态文本"放置到空白 GUI 界面,分别双击控件修改控件名称为"Wavelength""Seam_Width""Screen_Distance",分别表示波长、缝宽、屏幕距离参数。

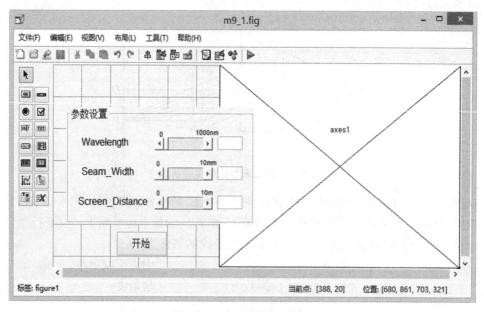

图 9.2 GUI 仿真设计界面

(4) 从左侧控件栏中拖放 3 个"滑块"控件放置在空白 GUI 界面,同时分别在三个"滑

块"控件位置处,右键鼠标选中"查看回调",点击"CallBack"。此时编辑界面会跳转到自动生成的代码文件对应"滑块"控件的回调函数位置处。依次输入以下代码,输入结束请将回调函数保存为 m9_1. m。

请在"Wavelength"侧滑块回调函数处输入以下代码:

```
function slider7_Callback(hObject, eventdata, handles) %控件名称随绘图不同而不同
val=get(hObject,'value');
set(handles. edit7,'string',num2str(val));
```

请在"Seam_Width"侧滑块回调函数处输入以下代码:

```
function slider6_Callback(hObject, eventdata, handles) %控件名称随绘图不同而不同
val=get(hObject,'value');
set(handles. edit6,'string',num2str(val));
```

请在"Screen_Distance"侧滑块回调函数处输入以下代码:

```
function slider5_Callback(hObject, eventdata, handles) %控件名称随绘图不同而不同
val=get(hObject,'value');
set(handles. edit5,'string',num2str(val));
```

(5) 从左侧控件栏中拖放 1 个"按钮"控件放置空白 GUI 界面,双击"按钮"控件修改控件名字为"开始"。在"按钮"控件位置处,右键单击鼠标选中"查看回调",点击"CallBack"。此时软件会跳转到自动生成的代码文件 m9_1. m 中对应"按钮"控件的回调函数位置处,请输入以下代码:

```
if isempty(get(handles. edit5,'string'))&& get(handles. slider5,'value') == 0
    Screen_Distance   = 1. 2;
    set(handles. slider5,'value',Screen_Distance   );
    set(handles. edit5,'string',num2str(Screen_Distance   ));
else
    Screen_Distance   = str2num(get(handles. edit5,'string'));
end
if isempty(get(handles. edit6,'string'))&& get(handles. slider6,'value') == 0
    Seam_Width = 1. 2;
    set(handles. slider6,'value',Seam_Width);
    set(handles. edit6,'string',num2str(Seam_Width));
else
    Seam_Width = str2num(get(handles. edit6,'string'));
end
if isempty(get(handles. edit7,'string'))&& get(handles. slider7,'value') == 0
    Wavelength   = 632;
    set(handles. slider7,'value',Wavelength );
    set(handles. edit7,'string',num2str(Wavelength ));
else
    Wavelength   = str2num(get(handles. edit7,'string'));
```

```
end

if Wavelength<=770&&Wavelength>597
    flag=1;
elseif Wavelength<=597&&Wavelength>577
    flag=2;
elseif Wavelength<=577&&Wavelength>492
    flag=3;
elseif Wavelength<=492&&Wavelength>350
    flag=4;
else
    flag=5;
end
Wavelength=Wavelength*10^-9;
Seam_Width=Seam_Width*10^-3;
Line_Width =3*Wavelength*Screen_Distance/Seam_Width;
Number_Lines=51;
ys=linspace(-Line_Width ,Line_Width ,Number_Lines);
np=51;
yp=linspace(0,Seam_Width,np);
for i=1:Number_Lines
    sinphi=ys(i)/Screen_Distance;
alpha=2*pi*yp*sinphi/Wavelength;
sumcos=sum(cos(alpha));
sumsin=sum(sin(alpha));
B(i,:)=(sumcos^2+sumsin^2)/np^2;
end
N=255;
Br=(B/max(B))*N;
Br=Br';
axes(handles.axes1);cla
axes(handles.axes1);
if flag==1
    subplot(2,2,2)
    image(Line_Width ,ys,Br);
    colormap(autumn(N));
    subplot(2,2,4)
    plot(ys,B,'r');
elseif flag==2
    subplot(2,2,2)
    image(Line_Width ,ys,Br);
    colormap(hsv(N));
```

```
        subplot(2,2,4)
        plot(ys,B,'y');
elseif flag==3
        subplot(2,2,2)
        image(Line_Width ,ys,Br);
        colormap(summer(N));
        subplot(2,2,4)
        plot(ys,B,'g');
elseif flag==4
        subplot(2,2,2)
        image(Line_Width ,ys,Br);
        colormap(jet(N));
        subplot(2,2,4)
        plot(ys,B,'b');
else
        subplot(2,2,2)
        image(Line_Width ,ys,Br);
        colormap(gray(N));
        subplot(2,2,4)
        plot(ys,B,'k');
end
```

（6）从左侧控件栏中拖放 1 个"坐标区"控件放置在空白 GUI 界面。

（7）在 GUI 设计界面或代码编辑界面点击"运行"按钮,观察并记录实验结果。

4. 实验结果

根据上述步骤得到夫琅禾费单缝衍射仿真实验结果,如图 9.3 所示。调整不同的波长和缝宽度,以及投影屏幕距离,可以观察到不同的衍射效果图案,记录实验结果,并分析实验现象和数据。

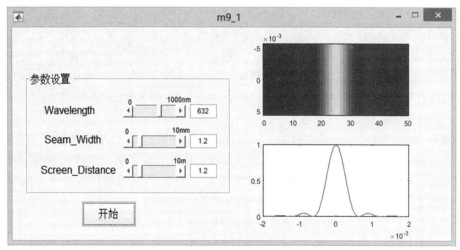

图 9.3　夫琅禾费单缝衍射仿真实验结果

5. 实验思考

夫琅禾费单缝衍射有何特征?

9.1.2 平面光栅衍射与双缝干涉

1. 实验目的

(1) 熟悉 MATLAB 基本操作界面和命令,掌握 MATLAB 界面设计的基本方法,以及编程、调试的方法,了解使用 MATLAB 求解光学问题的基本方法和步骤。

(2) 了解平面光栅衍射与双缝干涉的基本原理,通过仿真实验直观地观察光学特性,掌握光学实验的仿真实验设计方法。

(3) 加深对光学计算相关理论、概念的理解,区分平面光栅衍射与双缝干涉。

2. 实验原理

(1) 平面光栅的衍射

平面光栅的衍射不同于单缝衍射,需要大量等宽度、等间距的平行狭缝组成衍射光栅。单缝宽度为 a,刻痕宽度为 b,光栅常数为两者之和 $d=a+b$。如图 9.4 所示。

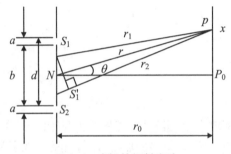

图 9.4 光栅的衍射实验

光栅的衍射图样分布具有以下特征:

① 不同于单缝衍射图样,多缝光栅的衍射图样中出现了一系列强度最大值和最小值,把那些强度较大的亮线称为主最大,强度较弱的亮线称为次最大,相邻主最大之间有 $N-1$ 条暗纹及 $N-2$ 条次最大亮线。

② 多缝光栅的衍射图样中主最大的位置与缝数 N 无关,其强度正比于 $2N$,但其宽度随着 N 增大而逐渐减小。

③ 多缝光栅衍射条纹是单缝衍射和缝间干涉共同产生的结果。多缝光栅衍射的强度分布中仍具有单缝衍射的一些特征,且曲线的包迹与单缝衍射强度的曲线相同。

(2) 双缝干涉实验

1801 年,英国物理学家、考古学家 Young Thomas 在实验中,让光先通过互相靠近的两个针孔再投射到屏幕上,发现两束光在散开且重叠的位置形成了明暗相间的条纹,后改为杨氏双缝实验。双缝实验中,两个狭缝的光源满足相干条件,即具有相同的振动方向和频率,且相位差恒定。故两个狭缝出来的光线在空间相遇后将互相干涉,在投影屏幕上产生明暗相间的干涉条纹。图 9.5 所示的是分波阵面的双光束干涉的典型实例。

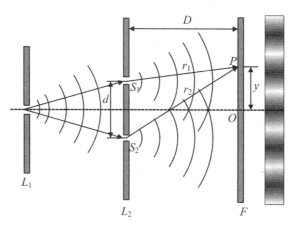

图 9.5 光的双缝实验

如图 9.5 所示,两狭缝间距为 d,双缝所在平面与屏幕平行,两者之间的垂直距离为 D,O 为屏幕上的坐标原点且与两狭缝对称。设 $OP=y$,则由几何关系可知,两个相干光源到达屏幕上任意点 P 的距离分别为

$$r_1 = \sqrt{D^2 + \left(y - \frac{d}{2}\right)^2}, \quad r_2 = \sqrt{D^2 + \left(y + \frac{d}{2}\right)^2} \tag{9.7}$$

因此,两列相干光具有一个光程差 $\Delta r = r_2 - r_1$,则相位差 $\Delta\varphi = 2\pi\Delta r/\lambda$。如两狭缝光源 S_1,S_2 的光波单独到达投影屏 P 点处的光强各为 I_1 和 I_2,振幅各为 E_1 和 E_2。则两光波叠加后的光强为

$$I = I_1 + I_2 + 2\sqrt{I_1 I_2}\cos\Delta\varphi \tag{9.8}$$

叠加后的振幅为

$$E = \sqrt{E_1^2 + E_2^2 + 2E_1 E_2 \cos\Delta\varphi} \tag{9.9}$$

若两光源产生的光波在屏幕上相遇时振幅相等,可知 P 点光强为

$$I = 4I_0 \left(\cos\frac{\Delta\varphi}{2}\right)^2 \tag{9.10}$$

当 $\Delta\varphi = 2k\pi(k=0,1,2,3,\cdots)$ 时为明亮条纹,当 $\Delta\varphi = (2k+1)\pi(k=0,1,2,3,\cdots)$ 时为暗条纹。

实际上的单色光通常都是准单色光,入射到干涉装置后,由于其具有一定的谱线宽度,每一种波长成分都会形成自己的干涉条纹。除零级的明条纹外,其他各级条纹因为波长不同而彼此错开,不同级条纹将会产生重叠,在重叠处所有波长条纹的光强进行非相干叠加形成总的光强。干涉条纹的明暗对比随级次的增加而减小,如级次继续增加到一定值时,干涉条纹将会消失。若准单色光的谱线宽度为 $\Delta\lambda$,在波长为 $\lambda + \Delta\lambda/2$ 的光波第 k 级明条纹与波长为 $\lambda - \Delta\lambda/2$ 的光波第 $k+1$ 级明纹重合的位置,当满足 $(\lambda + \Delta\lambda/2)k = (\lambda - \Delta\lambda/2)(k+1)$ 时,由于光程差与明纹级次的关系,可知此时条纹消失。进一步地,由 $\Delta\lambda \ll \lambda$ 可知 $k = \lambda/\Delta\lambda$。因此,光的单色性越差($\Delta\lambda$ 愈大),干涉条纹可观测到的级次就越小。

当 $y = \dfrac{m\lambda D}{d}(m=0,\pm1,\pm2,\cdots)$,$I_{\max}=4I_0$ 时,为亮纹;当 $y = \left(m+\dfrac{1}{2}\right)\dfrac{\lambda D}{d}(m=0,\pm1,$

±2,…),$I_{min}=0$ 时,为暗纹。相邻两个亮条纹或暗条纹之间的距离为条纹间距,即

$$e = \frac{D\lambda}{d} \tag{9.11}$$

利用该公式能够求得光的波长。双缝干涉实验主要是研究光波的叠加性并获取光波的相位信息,杨氏解释了光的干涉现象并首次测定了光的波长,成为光波动学说的奠基人之一。在量子力学双缝实验里又发现,光波总是以一颗颗粒子的形式抵达照相底片或侦测屏。因此,光在传播过程中表现出较明显的波动性,而光在与物质相互作用时(如发射和吸收)表现出较明显的粒子性。

3. 实验内容及步骤

(1) 运行电脑中的 MATLAB 软件,点击"新建",新建出一个脚本文件,命名为"m9_2.m"。
(2) 在文件中输入以下代码:

```
% m9_2.m平面光栅衍射与双缝干涉
clear all
close all
clc


% m9_2.m平面光栅衍射实验
Gray_degree=511;                              % 亮度级别
Dimension1=-5*pi:0.02*pi:5*pi;                % 狭缝与投影屏幕间距
Beam_distance1=Dimension1./20;                % 狭缝间距
                                              %计算屏幕投影光强
Light_intensity1=1-(sinc(Beam_distance1).*sin(4*Dimension1)./sin(Dimension1)).^2;
Light_gray=zeros(Gray_degree+1,3);
for i=0:Gray_degree
   Light_gray(i+1,:)=(Gray_degree-i)/Gray_degree;
end
subplot(2,2,1);
imagesc(Light_intensity1)
colormap(Light_gray)
title("平面光栅衍射实验投影");
subplot(2,2,3);
plot(Dimension1,-Light_intensity1,"b");
title("平面光栅衍射实验频谱");


% m9_2.m双缝干涉实验
Dimension2 = 600;                             % 狭缝与投影屏幕间距
Beam_distance2 = 0.5;                         % 狭缝间距
Projection_y = 2;                             % 投影点距中心点的距离
Projection =linspace(-Projection_y,Projection_y,101);
Lambda = 6e-4;                                % 光源的波长
Amplitude = 1;                                % 光波的振幅
```

Range1 ＝sqrt((Projection－Beam_distance2/2).^2 ＋ Dimension2^2)；% 投影点距两个光源的距离

Range2 ＝sqrt((Projection＋Beam_distance2/2).^2 ＋ Dimension2^2)；

phi ＝ 2 ∗ pi ∗ (Range2－Range1)/Lambda；　　　　% 计算相位差

Light_intensity2 ＝ 4 ∗ Amplitude^2 ∗ (cos(phi/2)).^2；% 计算屏幕投影光强

subplot(2,2,2)；

Beam ＝ Light_intensity2 ∗ Gray_degree/4；

image(Beam)；

colormap(gray(511))；

title("双缝干涉实验投影")；

subplot(2,2,4)；

plot(Projection,Light_intensity2,"b")；

axis([－Projection_y Projection_y 0 4])

title("双缝干涉实验频谱")；

（3）点击"运行"按钮,观察并记录实验结果。

4. 实验结果

运行后,可以观察到 GUI 仿真界面,在仿真界面上能够观察到平面光栅衍射实验和双缝干涉实验的投影和频谱,如图 9.6 所示。调整实验参数,可以观察到光波在投影屏幕上的分布变化,记录实验数据,并分析实验现象。

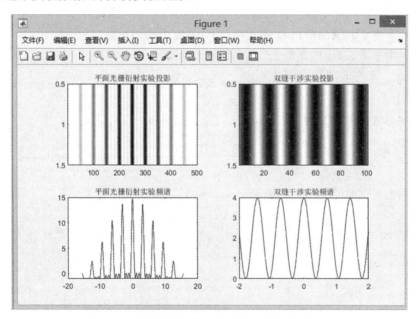

图 9.6　平面光栅衍射与双缝干涉实验仿真结果

5. 实验思考

平面光栅衍射与双缝干涉有何不同?

9.2 习题与解答

【习题 9.1】 某光纤在波长 1310 nm 的损耗为 0.5 dB/km，在波长 1550 nm 的损耗为 0.3 dB/km。若有两种光信号同时进入光纤：波长为 1310 nm 的 200 μW 光信号，波长为 1550 nm 的 150 μW 光信号。试求该两种光信号在 10 km 和 30 km 处的功率。

解 根据参考文献[1]传输距离公式，有 $\alpha_\lambda = -\dfrac{10}{L} \lg \dfrac{P_{Z=0}}{P_{Z=L}}$ (dB/km)，即 $P_{Z=L} = P_{Z=0}$ · $10^{-\frac{a_\lambda L}{10}}$。

波长 1310 nm 光信号：

$$P_{Z=10\,\text{km}} = 200\,\mu\text{W} \cdot 10^{-\frac{0.5\,\text{dB/km} \cdot 10\,\text{km}}{10}} = 200\,\mu\text{W} \cdot 10^{-0.5} \approx 63.25\,\mu\text{W}$$

$$P_{Z=30\,\text{km}} = 200\,\mu\text{W} \cdot 10^{-\frac{0.5\,\text{dB/km} \cdot 30\,\text{km}}{10}} = 200\,\mu\text{W} \cdot 10^{-1.5} \approx 6.32\,\mu\text{W}$$

波长 155 0nm 光信号：

$$P_{Z=10\,\text{km}} = 150\,\mu\text{W} \cdot 10^{-\frac{0.3\,\text{dB/km} \cdot 10\,\text{km}}{10}} = 150\,\mu\text{W} \cdot 10^{-0.3} \approx 75.18\,\mu\text{W}$$

$$P_{Z=30\,\text{km}} = 150\,\mu\text{W} \cdot 10^{-\frac{0.3\,\text{dB/km} \cdot 30\,\text{km}}{10}} = 150\,\mu\text{W} \cdot 10^{-0.9} \approx 18.88\,\mu\text{W}$$

【习题 9.2】 钾的光电效应极限波长 $\lambda_0 = 6.2 \times 10^{-7}$ m，波长为 4.0×10^{-7} m 的紫外线入射下，求：(1) 电子的逸出功；(2) 截止电压；(3) 电子的初速度。

解 (1) 由参考文献[1]光量子公式，得光子能量为

$$\varepsilon = h\upsilon = \frac{hc}{\lambda_0} = \frac{6.626 \times 10^{-34} \times 3 \times 10^8}{6.2 \times 10^{-7}} \approx 3.206 \times 10^{-19}\,J = \frac{3.206 \times 10^{-19}}{1.6 \times 10^{-19}} \approx 2.004\,\text{eV}$$

(2) 根据参考文献[1]公式知，能量 $\frac{1}{2}mv_m^2 = eK\upsilon - eV_0 = eV_c$，得

$$V_c = \frac{h\upsilon - \varepsilon}{e} = \frac{hc}{e\lambda} - \frac{\varepsilon}{e} = \frac{6.626 \times 10^{-34} \times 3 \times 10^8}{1.6 \times 10^{-19} \times 4.0 \times 10^{-7}} - 2.004 \approx 1.102\,\text{eV}$$

(3) 根据参考文献[1]公式知，能量 $\frac{1}{2}mv_m^2 = eV_c$，得

$$v_m = \sqrt{\frac{2eV_c}{m}} = \sqrt{\frac{2 \times 1.6 \times 10^{-19} \times 1.102}{9.1 \times 10^{-31}}} \approx 6.225 \times 10^5\,\text{m/s}$$

第 10 章　量子计算机

10.1　仿　真　实　验

10.1.1　氢原子的波函数

1. 实验目的

(1) 熟悉 MATLAB 基本操作界面和命令,掌握 MATLAB 界面设计的基本方法,以及编程、调试的方法,了解使用 MATLAB 求解氢原子波函数的基本方法和步骤。

(2) 掌握氢原子的波粒二象性基本原理和方法,熟练掌握氢原子波函数的绘制方法,直观了解微观粒子的行为和量子力学的特性。

(3) 加深对量子力学相关理论、概念的理解。

2. 实验原理

假设电子与核的坐标和质量分别为 $r_1(x_1,y_1,z_1)$,$r_2(x_2,y_2,z_2)$,m_1,m_2,由量子力学基本原理可知,氢原子微观体系满足薛定谔方程:

$$\left(-\frac{\hbar}{2m_1}\nabla^2_{r1}-\frac{\hbar}{2m_2}\nabla^2_{r2}-\frac{e^2}{r}\right)\psi_{r1,r2}=E_{\sum}\psi_{r1,r2} \tag{10.1}$$

引入相对坐标和质心坐标,并假设 $m=m_1+m_2$ 为总质量,$\overline{m}=\dfrac{m_1m_2}{m_1+m_2}$ 为约化质量。有

$$r(x,y,z):r=r_1-r_2 \tag{10.2}$$

$$R(X,Y,Z):R=\frac{m_1r_1+m_2r_2}{m} \tag{10.3}$$

实际上,氢原子波函数为四元数据,可以使用截面图来描述波函数在三维空间上的数值大小,从而绘制出波函数在过原点截面上数值大小的立体分布图。典型地,取四个氢原子波函数 $\psi_{1[xy]}$,$\psi_{2[xz]}$,$\psi_{3[xy]}$,$\psi_{4[xz]}$。并利用坐标变换公式 $x=r\sin\theta\cos\varphi$,$y=r\sin\theta\sin\varphi$,$z=r\cos\theta$,将球坐标转换为直角坐标,从而计算出波函数过原点截面的解析解:

$$\psi_{1[xy]}=\frac{r^{-3/2}}{\sqrt{\pi}}\exp\left(-\frac{\sqrt{x^2+y^2}}{r}\right) \tag{10.4}$$

$$\psi_{2[xz]}=\frac{(2r-\sqrt{x^2+y^2})}{4\sqrt{2\pi r}}\exp\left(-\frac{\sqrt{x^2+y^2}}{2r}\right) \tag{10.5}$$

$$\psi_{3[xy]}=\frac{r^{-5/2}x}{4\sqrt{2\pi}}\exp\left(-\frac{\sqrt{x^2+y^2}}{2r}\right) \tag{10.6}$$

$$\psi_{4[xz]}=\frac{r^{-7/2}(2z^2-x^2)}{81\sqrt{6\pi}}\exp\left(-\frac{\sqrt{x^2+z^2}}{3r}\right) \tag{10.7}$$

3. 实验内容及步骤

（1）运行电脑中的 MATLAB 软件，在命令行窗口输入"guide"命令，并按下 Enter 键，打开 GUI 向导界面。

（2）在弹出窗口中选择"Blank GUI"选项，保存为"m10_1.fig"，点击"确定"按钮保存文件，同时进入 GUI 设置界面。

（3）并在文件中绘制如图 10.1 所示的图形界面。从左侧控件栏中拖放 4 个"静态文本"放置到空白 GUI 界面，分别双击修改控件名称为"Psai1""Psai2""Psai3""Psai4"。

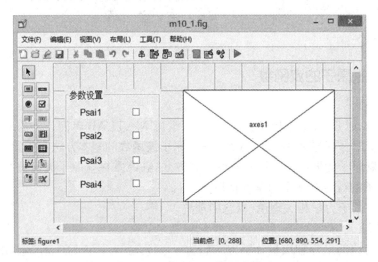

图 10.1　仿真 GUI 界面设计

（4）从左侧控件栏中拖放 1 个"复选框"控件置"Psai1"控件旁，同时在"复选框"控件位置处右键鼠标，选中"查看回调"，点击"CallBack"。此时编辑界面会跳转到自动生成的代码文件对应"Psai1"控件的回调函数位置处。请输入以下代码，输入结束请将回调函数保存为"m10_1.m"。

```
function checkbox1_Callback(hObject, eventdata, handles)
if get(handles. checkbox2,'Value')==1
    set(handles. checkbox2,'Value',0)
end
if get(handles. checkbox3,'Value')==1
    set(handles. checkbox3,'Value',0)
end
if get(handles. checkbox4,'Value')==1
    set(handles. checkbox4,'Value',0)
end

axes(handles. axes1);cla
axes(handles. axes1);
r=0.6;
Psai1_Index=r^(-3/2)*(1/sqrt(pi));
```

```
x=linspace(−10, 10, 100 );
y=linspace(−10, 10, 100 );
[x,y]=meshgrid(x, y);
z=Psai1_Index * exp(−sqrt(x.^2+y.^2)/r);
axis([−10 10 −10 10 −1 1])
mesh(x, y, −z);
if get(handles. checkbox1,'Value')==0
    axes(handles. axes1);cla reset
end
```

（5）从左侧控件栏中拖放 1 个"复选框"控件置"Psai2"控件旁，同时在"复选框"控件位置处用右键单击鼠标，选中"查看回调"，点击"CallBack"。此时编辑界面会跳转到自动生成的代码文件对应"Psai2"控件的回调函数位置处，请输入以下代码：

```
function checkbox2_Callback(hObject, eventdata, handles)
if get(handles. checkbox2,'Value')==0
    axes(handles. axes1);cla
end
if get(handles. checkbox1,'Value')==1
    set(handles. checkbox1,'Value',0)
end
if get(handles. checkbox3,'Value')==1
    set(handles. checkbox3,'Value',0)
end
if get(handles. checkbox4,'Value')==1
    set(handles. checkbox4,'Value',0)
end

axes(handles. axes1);cla
axes(handles. axes1);
r =0. 5;
Psai2_Index=1/(4 * sqrt(2 * pi * r));
x=linspace(−10,10,100);
y=linspace(−10,10,100);
[x,y]=meshgrid(x, y);
z=Psai2_Index * (2 * r−sqrt(x.^2+y.^2)). * exp(−sqrt(x.^2+y.^2)/(2 * r));
axis([−10 10 −10 10 −1 1])
mesh(−z, x, y);
if get(handles. checkbox2,'Value')==0
    axes(handles. axes1);cla reset
end
```

（6）从左侧控件栏中拖放 1 个"复选框"控件置"Psai3"控件旁，同时在"复选框"控件位置处用右键单击鼠标，选中"查看回调"，点击"CallBack"。此时编辑界面会跳转到自动生成

的代码文件对应"Psai3"控件的回调函数位置处,请输入以下代码:

```
function checkbox3_Callback(hObject, eventdata, handles)
if get(handles. checkbox2,'Value')==1
    set(handles. checkbox2,'Value',0)
end
if get(handles. checkbox1,'Value')==1
    set(handles. checkbox1,'Value',0)
end
if get(handles. checkbox4,'Value')==1
    set(handles. checkbox4,'Value',0)
end

axes(handles. axes1);cla
axes(handles. axes1);
r =0.4;
Psai3_Index=r^(-5/2) * (1/( 4 * sqrt(2 * pi)));
x=linspace(-10,10,100);
y=linspace(-10,10,100);
[x,y]=meshgrid(x, y);
z=Psai3_Index * x. * exp(-sqrt(x.^2+y.^2)/(2 * r));
axis([-10 10 -10 10 -1 1])
mesh(-x, y, z);
if get(handles. checkbox3,'Value')==0
    axes(handles. axes1);cla reset
end
```

(7) 从左侧控件栏中拖放 1 个"复选框"控件置"Psai4"控件旁,同时在"复选框"控件位置处用右键单击鼠标,选中"查看回调",点击"CallBack"。此时编辑界面会跳转到自动生成的代码文件对应"Psai4"控件的回调函数位置处,请输入以下代码:

```
function checkbox4_Callback(hObject, eventdata, handles)
if get(handles. checkbox2,'Value')==1
    set(handles. checkbox2,'Value',0)
end
if get(handles. checkbox3,'Value')==1
    set(handles. checkbox3,'Value',0)
end
if get(handles. checkbox1,'Value')==1
set(handles. checkbox1,'Value',0)
end

axes(handles. axes1);cla
axes(handles. axes1);
```

r＝0.3；

Psai3_Index＝r^(-5/2)＊(1/(4 ＊ sqrt(2 ＊ pi)))；

Psai4_Index＝r^(-7/2)＊(1/(81＊ sqrt (6 ＊ pi)))；

x＝linspace(-10,10,100)；

y＝linspace(-10,10,100)；

[x,y]＝meshgrid(x,y)；

z＝Psai3_Index＊x.＊exp(-sqrt(x.^2+y.^2)/(2＊r))；

x＝linspace(-10,10,100)；

z＝linspace(-10,10,100)；

[x,z]＝meshgrid (x, z)；

y2＝Psai4_Index＊(2＊z.^2-x.^2).＊exp(-sqrt(x.^2+z.^2)/(3＊r))；

axis([-10 10 -10 10 -1 1])

mesh (y2, -x, z)；

if get(handles.checkbox4,'Value')＝＝0

  axes(handles.axes1)；cla reset；

end

（8）从左侧控件栏中拖放 1 个"坐标区"控件放置在空白 GUI 界面。

（9）在 GUI 设计界面或代码编辑界面点击"运行"按钮,观察并记录实验结果。

4. 实验结果

仿真界面设计结果如图 10.2 所示,选择不同的参数,可以观察 $\psi_{1[xy]}$,$\psi_{2[xz]}$,$\psi_{3[xy]}$,$\psi_{4[xz]}$ 四个氢原子波函数的空间分布图,如图 10.3 所示。

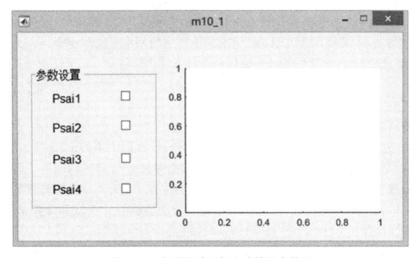

图 10.2 氢原子波函数实验的仿真界面

5. 实验思考

如何观察更多的氢原子波函数?

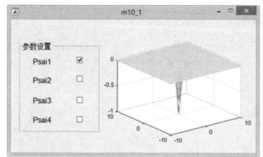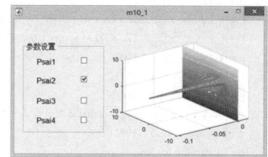

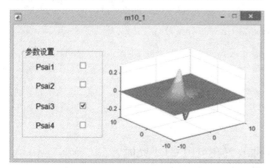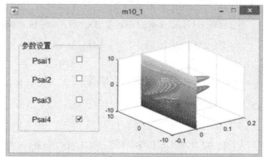

图 10.3　氢原子波函数的仿真结果

10.1.2　量子 Grover 算法

1. 实验目的

（1）熟悉 MATLAB 基本操作界面和命令，掌握 MATLAB 界面设计的基本方法，以及编程、调试的方法，了解使用 MATLAB 仿真量子算法的基本方法和步骤。

（2）了解量子 Grover 算法的基本原理和设计方法，掌握 Grover 算法求解问题的基本过程和方法。

（3）加深对量子计算相关理论、概念的理解。

2. 实验原理

1996 年，美国贝尔实验室的格罗弗（Lov Grover）首次提出了 Grover 搜索算法，能够大大减少查找次数，甚至能够求解在经典计算中需要穷举法才可解决的问题。假设用一个数学函数 $f(x)$ 表示一个数据库文件，其中 x 为记录的关键字值，$f(x)$ 就是关键字值为 x 的记录所对应的内容。给定要查找的记录 a，一个量子黑盒能够与 a 比较并计算函数值 $f_a(x)$；当 $f_a(x)$ 是 a 时，置 $f_a(x)=1$；当 $f_a(x)$ 非 a 时，置 $f_a(x)=0$。

Grover 算法首先构造一个如下的变换进行不断迭代过程。该变换能保持态 $|s\rangle$ 不变，但会改变任何与 $|s\rangle$ 正交态的符号。在几何上，相当于任意矢量沿 $|s\rangle$ 的分量保持不变，但与 $|s\rangle$ 垂直的超平面上分量改变符号。

$$U_s = 2\,|\,s\rangle\langle s\,|-I \tag{10.8}$$

Grover 算法查找记录 a 的问题可以描述成：输入一个关键字值 x，询问量子 Oracle，x 对应的记录是否为 a，若是则输出 1，否则输出 0。若测量态 $|a\rangle$ 到计算基上的投影，找到 $|a\rangle$ 的概率仅为 $1/N$。量子 Oracle 的作用是：

$$U_a: \left[\mid x \rangle \frac{1}{\sqrt{2}} (\mid 0 \rangle - \mid 1 \rangle) \right] \rightarrow (-1)^{f_a(x)} \mid x \rangle \frac{1}{\sqrt{2}} (\mid 0 \rangle - \mid 1 \rangle) \qquad (10.9)$$

测量式(10.8)第一存储器的状态,若 x 标识的记录就是 a,则置 $f_a(x)=1$,式(10.9)右边 $\mid x \rangle$ 态改变相位符号;若 x 标识的记录不是 a,则置 $f_a(x)=0$,式(10.9)右边 $\mid x \rangle$ 态保持相位不变。因此 U_a 的作用就是改变 $\mid a \rangle$ 状态的相位,但对与 $\mid a \rangle$ 正交的状态则执行恒等操作。该变换用投影算子可写成

$$U_a = I - 2 \mid a \rangle \langle a \mid \qquad (10.10)$$

结合式(10.10)和式(10.11),可构造一个幺正变换

$$U = U_s U_a \qquad (10.11)$$

该变换作用于 $\mid a \rangle$, $\mid s \rangle$ 平面上任意矢量 $\mid s \rangle$,由式(10.11)可表示为

$$\langle a \mid s \rangle = \frac{1}{\sqrt{N}} \equiv \sin\theta \qquad (10.12)$$

即平面上与 $\mid a \rangle$ 垂直的矢量 $\mid a^\perp \rangle$,旋转一个角度 θ 所得到的矢量就是 $\mid s \rangle$。Grover 算法反复执行这个过程,可以增大找到 $\mid a \rangle$ 的概率幅,并抑制其他态 $\mid x \neq a \rangle$ 的概率幅,使得最后测量计算基上的投影时,得到 a 的概率最大。

若搜索空间有 M 个元素和 N 个解,且 $1 \leqslant N \leqslant M$,解的集合为 K,则 Grover 算法的搜索过程可以描述为几何旋转操作

$$\mid \alpha \rangle = \frac{\sum\limits_{x \notin K} \mid x \rangle}{\sqrt{M-N}}, \qquad \mid \beta \rangle = \frac{\sum\limits_{x \in K} \mid x \rangle}{\sqrt{N}} \qquad (10.13)$$

其求解的概率为

$$p = \frac{N}{M} \qquad (10.14)$$

求解的初始状态为

$$\mid \varphi(0) \rangle = \cos\theta \mid \alpha \rangle + \sin\theta \mid \beta \rangle \qquad (10.15)$$

其中,$\theta = \arcsin\sqrt{p}$。随着迭代的进行,搜索成功的概率有可能逐渐变小。因为在几何旋转操作中,每调用一次 Grover 迭代,相位会增加 $2\theta = 2\arcsin\sqrt{p}$。如果能将前两次相位旋转的操作由固定值 π 调整为任意角度,并根据搜索概率调整相位角,有可能提高其性能。例如,基于 $\pi/2$ 相位旋转的改进算法,在搜索概率 $p \geqslant 1/3$ 时,取 $\alpha = -\beta = \pi/2$,便有可能提高下一次搜索的概率。

3. 实验内容及步骤

(1) 运行电脑中的 MATLAB 软件,点击"新建",新建出一个脚本文件,命名为"m10_2.m"。

(2) 在文件中输入以下代码:

```
% m10_2.m
clear all;
close all;
clc;
```

Total_Proportion＝0.01:0.01:1；

Iterations＝round(acos(sqrt(Total_Proportion))./(2 * asin(sqrt(Total_Proportion))))；

Basic_Grover＝sin((2 * Iterations＋1). * asin(sqrt(Total_Proportion))).^2；

Improved_Grover＝4 * Total_Proportion.^3－8 * Total_Proportion.^2＋5 * Total_Proportion；

plot(Total_Proportion,Basic_Grover,'－－',Total_Proportion,Improved_Grover,'－. ')

legend({'基本的 Grover 算法','改进的 Grover 算法'},'FontSize',11,'location','southeast')；

grid on

（3）点击"运行"按钮,观察并记录实验结果。

4. 实验结果

MATLAB 仿真结果如图 10.4 所示,包括 Grover 算法的搜索成功概率曲线,与基于 $\pi/2$ 相位旋转的改进算法成功概率曲线。

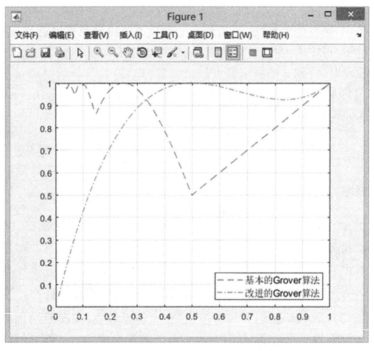

图 10.4　Grover 算法改进前后成功概率对比

5. 实验思考

如何提高 Grover 算法的求解效率?

10.2　习题与解答

【习题 10.1】　两量子位的幺正变换分别如下,请设计其实现线路。

$$(1)\ \boldsymbol{U}=\begin{bmatrix} a & c & 0 & 0 \\ b & d & 0 & 0 \\ 0 & 0 & 1 & 0 \\ 0 & 0 & 0 & 1 \end{bmatrix};\qquad (2)\ \boldsymbol{U}=\begin{bmatrix} a & 0 & 0 & c \\ 0 & 1 & 0 & 0 \\ 0 & 0 & 1 & 0 \\ b & 0 & 0 & d \end{bmatrix}.$$

解 (1) 该 $\boldsymbol{U}$ 变换对各个计算基的作用如下:

$$\boldsymbol{U}\,|\,00\rangle=\begin{bmatrix} a & c & 0 & 0 \\ b & d & 0 & 0 \\ 0 & 0 & 1 & 0 \\ 0 & 0 & 0 & 1 \end{bmatrix}\begin{bmatrix} 1 \\ 0 \\ 0 \\ 0 \end{bmatrix}=a\,|\,00\rangle+b\,|\,01\rangle=|\,0\rangle(a\,|\,0\rangle+b\,|\,1\rangle)$$

$$\boldsymbol{U}\,|\,01\rangle=\begin{bmatrix} a & c & 0 & 0 \\ b & d & 0 & 0 \\ 0 & 0 & 1 & 0 \\ 0 & 0 & 0 & 1 \end{bmatrix}\begin{bmatrix} 0 \\ 1 \\ 0 \\ 0 \end{bmatrix}=c\,|\,00\rangle+d\,|\,01\rangle=|\,0\rangle(c\,|\,0\rangle+d\,|\,1\rangle)$$

$$\boldsymbol{U}\,|\,10\rangle=\begin{bmatrix} a & c & 0 & 0 \\ b & d & 0 & 0 \\ 0 & 0 & 1 & 0 \\ 0 & 0 & 0 & 1 \end{bmatrix}\begin{bmatrix} 0 \\ 0 \\ 1 \\ 0 \end{bmatrix}=|\,10\rangle=|\,1\rangle\,|\,0\rangle$$

$$\boldsymbol{U}\,|\,11\rangle=\begin{bmatrix} a & c & 0 & 0 \\ b & d & 0 & 0 \\ 0 & 0 & 1 & 0 \\ 0 & 0 & 0 & 1 \end{bmatrix}\begin{bmatrix} 0 \\ 0 \\ 0 \\ 1 \end{bmatrix}=|\,11\rangle=|\,1\rangle\,|\,1\rangle$$

因此,该变换是以第 1 量子位为零控制门的第 2 量子位受控变换,实现线路如图 10.5 所示。该 $\boldsymbol{U}$ 变换对计算基 $\{|\,00\rangle,|\,01\rangle\}$ 张起的 2 维 Hilbert 子空间进行变换,而另两个计算基 $\{|\,10\rangle,|\,11\rangle\}$ 张起的子空间进行恒等变换。

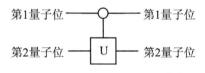

图 10.5 习题 10.1(1)实现线路

(2) 该 $\boldsymbol{U}$ 变换对各个计算基的作用如下:

$$\boldsymbol{U}\,|\,00\rangle=\begin{bmatrix} a & 0 & 0 & c \\ 0 & 1 & 0 & 0 \\ 0 & 0 & 1 & 0 \\ b & 0 & 0 & d \end{bmatrix}\begin{bmatrix} 1 \\ 0 \\ 0 \\ 0 \end{bmatrix}=a\,|\,00\rangle+b\,|\,11\rangle$$

$$\boldsymbol{U}\,|\,01\rangle=\begin{bmatrix} a & 0 & 0 & c \\ 0 & 1 & 0 & 0 \\ 0 & 0 & 1 & 0 \\ b & 0 & 0 & d \end{bmatrix}\begin{bmatrix} 0 \\ 1 \\ 0 \\ 0 \end{bmatrix}=|\,01\rangle=|\,0\rangle\,|\,1\rangle$$

$$\boldsymbol{U}\,|\,10\rangle = \begin{bmatrix} a & 0 & 0 & c \\ 0 & 1 & 0 & 0 \\ 0 & 0 & 1 & 0 \\ b & 0 & 0 & d \end{bmatrix}\begin{bmatrix} 0 \\ 0 \\ 1 \\ 0 \end{bmatrix} = |\,10\rangle = |\,1\rangle\,|\,0\rangle$$

$$\boldsymbol{U}\,|\,11\rangle = \begin{bmatrix} a & 0 & 0 & c \\ 0 & 1 & 0 & 0 \\ 0 & 0 & 1 & 0 \\ b & 0 & 0 & d \end{bmatrix}\begin{bmatrix} 0 \\ 0 \\ 0 \\ 1 \end{bmatrix} = c\,|\,00\rangle + d\,|\,11\rangle$$

因此,该 $\boldsymbol{U}$ 变换对计算基 $\{|\,00\rangle, |\,11\rangle\}$ 张起的 2 维子空间进行变换,而计算基 $\{|\,01\rangle, |\,10\rangle\}$ 张起的子空间保持不变,而且两个子空间的两个计算基都具有互不相同的两量子位值。要实现题设的 $\boldsymbol{U}$ 变换需要进一步做适当的变换,以便能够通过(0 或 1)控制非操作来改变第 1(或第 2)量子位值。以第 1 量子位为 1 控制非门先执行变换为例,只需再实施一次第 2 量子位 0 控制的恒等变换,最后再实施一次第 1 量子位为 1 的控制非门变换,即依次实施 3 次量子变换便可实现,过程如下:

$$|\,00\rangle \xrightarrow{(1)} |\,00\rangle \xrightarrow{(2)} (\boldsymbol{U}\,|\,0\rangle)\,|\,0\rangle = (a\,|\,0\rangle + b\,|\,1\rangle)\,|\,0\rangle \xrightarrow{(3)} a\,|\,00\rangle + b\,|\,11\rangle$$

$$|\,01\rangle \xrightarrow{(1)} |\,01\rangle \xrightarrow{(2)} |\,0\rangle\,|\,1\rangle \xrightarrow{(3)} |\,0\rangle\,|\,1\rangle$$

$$|\,10\rangle \xrightarrow{(1)} |\,11\rangle \xrightarrow{(2)} |\,1\rangle\,|\,1\rangle \xrightarrow{(3)} |\,1\rangle\,|\,0\rangle$$

$$|\,11\rangle \xrightarrow{(1)} |\,10\rangle \xrightarrow{(2)} (\boldsymbol{U}\,|\,1\rangle)\,|\,0\rangle = (c\,|\,0\rangle + d\,|\,1\rangle)\,|\,0\rangle \xrightarrow{(3)} c\,|\,00\rangle + d\,|\,11\rangle$$

该变换的实现线路如图 10.6(a)所示。类似地,也可以第 1 量子位为 0 控制非门先执行变换,其实现过程也包括 3 步,实现线路如图 10.6(b)所示。可知,10.6(a)与 10.6(b)两种实现线路是等价的。

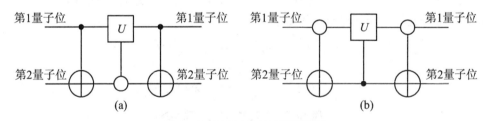

图 10.6 习题 10.1(2)实现线路

【习题 10.2】 以 15 为例,请设计实现 Shor 算法的量子逻辑门组合。

解 $N=15=1111B$ 使用 4 位二进制表示,则输入寄存器与输出寄存器可分别设置为 8 位和 4 位。设置寄存器的状态,并用余因子函数实施操作,以因子 8 为例,根据参考文献[1]查表知余数共有 1,8,4,2 四个,得到两个寄存器的总状态如下:

$(1/16)(|\,0\rangle\,|\,1\rangle + |\,1\rangle\,|\,8\rangle + |\,2\rangle\,|\,4\rangle + |\,3\rangle\,|\,2\rangle + |\,4\rangle\,|\,1\rangle + |\,5\rangle\,|\,8\rangle + |\,6\rangle\,|\,4\rangle$
$\quad + |\,7\rangle\,|\,2\rangle + |\,8\rangle\,|\,1\rangle + |\,9\rangle\,|\,8\rangle + |\,10\rangle\,|\,4\rangle + |\,11\rangle\,|\,2\rangle + |\,12\rangle\,|\,1\rangle$
$\quad + |\,13\rangle\,|\,8\rangle + |\,14\rangle\,|\,4\rangle + |\,15\rangle\,|\,2\rangle)$

测量输出寄存器的状态,可随机得到 1,8,4,2 四个余数中的一个。以测得的余数 8 为例,则测得寄存器的状态如下:

$(1/16)(|1\rangle|8\rangle+|5\rangle|8\rangle+|9\rangle|8\rangle+|13\rangle|8\rangle)=(1/16)(|1\rangle+|5\rangle+|9\rangle+|13\rangle)|8\rangle$

对输入寄存器状态实施傅里叶变换,可得到结果 $c=64$;将 $c/2^{2L}$ 约分得 $1/4$,即 $r=4$。由 $(8^{4/2}-1)/15$ 得余数 3,即 Shor 算法分解因子的最小整数,以及 $(8^{4/2}+1)/15$ 得余数 5,即得到 $N=15$ 的质因子 3 和 5。量子逻辑门组合如图 10.7 所示。

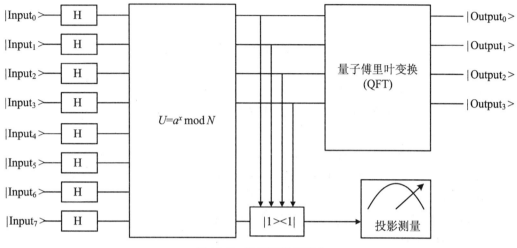

图 10.7　量子逻辑门组合

参 考 文 献

[1] 蔡政英,刘势,张上,等.计算机体系结构设计[M].北京:清华大学出版社,2018.

[2] National Instruments Corporation. NI Multisim[EB/OL]. https://sine.ni.com/psp/app/doc/p/id/psp-412.

[3] Microsoft. Visual Studio C/C++[EB/OL]. https://visualstudio.microsoft.com/zh-hans/vs/support/.

[4] The MathWorks, Inc. MATLAB R2018a[EB/OL]. https://www.mathworks.com.

[5] MATLAB 中文论坛.MATLAB 神经网络 30 个案例[M].北京:北京航空航天大学出版社,2010.

[6] Nicholas Carter. 计算机体系结构习题与解答[M].肖明,王永红,译. 北京：机械工业出版社,2004.

[7] 白中英,戴志涛,倪辉,等.计算机组成原理解题指南[M].4 版.北京:科学出版社,2008.

[8] 白中英,王让定,覃健诚,等.计算机组织与体系结构解题指南[M].北京:清华大学出版社,2009.

[9] 程勇.实例讲解 Multisim10 电路仿真[M].北京:人民邮电出版社,2010.

[10] 褚华.软件设计师教程[M].4 版.北京:清华大学出版社,2014.

[11] 段晓东.元胞自动机理论研究及其仿真应用[M].北京:科学出版社,2012.

[12] 高辉,吴保荣,吴湘宁,等.计算机系统结构学习辅导及习题解答[M].武汉:武汉大学出版社,2006.

[13] 胡章芳,王小发,席兵.MATLAB 仿真及其在光学课程中的应用[M].2 版.北京:北京航空航天大学出版社,2018.

[14] 黄钦胜.计算机组成原理习题与题解[M].北京:电子工业出版社,2004.

[15] 李承祖,陈平形,梁林梅.量子计算机研究[M].北京:科学出版社,2011.

[16] 李春葆,肖忠付,杭小庆.计算机组成原理联考辅导教程[M].北京:清华大学出版社,2012.

[17] 李海燕,张榆锋,吴俊,等.Multisim&Ultiboard 电路设计与虚拟仿真[M].北京:电子工业出版社,2012.

[18] 李凯,张书珍,韩梅.基于 Multisim 的聋生计算机组成原理实验的仿真设计[J].智能计算机与应用,2018,8(1):131-134.

[19] 李良荣,李震,顾平.NI Multisim 电子设计技术[M].北京:机械工业出版社,2016.

[20] 李士勇,李盼池.量子计算与量子优化算法[M].哈尔滨:哈尔滨工业大学出版社,2009.

[21] 刘建军,高峰,华厚玉.氢原子波函数三维空间分布在 MATLAB 中的实现[J].淮北煤炭师范学院学报,2004,25(4):31-33.

[22] 陆明洲,何菊.基于 Multisim 的计算机组成原理实验仿真[J].实验技术与管理,2007,24(12):94-98.

[23] 毛骏健,顾牡.大学物理学[M].2 版.北京:高等教育出版社,2013.

[24] 穆秀春,郑爽,李娜.Multisim & Ultiboard 13 原理图仿真与 PCB 设计[M].北京:电子工业出版社,2016.

[25] 聂典,丁伟.基于 Multisim 10 的 51 单片机仿真实战教程:使用汇编和 C 语言[M].北京:电子工业出版社,2010.

[26] 聂典,李北雁,聂梦晨.Multisim12 仿真在电子电路设计中的应用[M].北京:电子工业出版社,2017.

[27] 欧攀,贾豫东,白明.高等光学仿真(MATLAB 版):光波导,激光[M].北京:北京航空航天大学出版社,2014.

[28] 彭广习,余胜生,周敬利.基于磁盘性能模型的优化调度算法[J].计算机工程,2002,28(5):20-21,149.

[29] 全国计算机专业技术资格考试办公室.软件设计师 2009 年至 2014 年试题分析与解答[M].北京:清华大学出版社,2015.

[30] 唐朔飞.计算机组成原理:学习指导与习题解答[M].北京:高等教育出版社,2008.

[31] 王爱英.计算机组成与结构[M].北京:清华大学出版社,2012.

[32] 王昌元.计算机组成原理习题与解答[M].北京:冶金工业出版社,2004.

[33] 王鹏,黄焱,李波.多尺度量子谐振子优化算法[M].北京:人民邮电出版社,2016.

[34] 吴福高,张明增.Multisim 电路仿真及应用[M].北京:航空工业出版社,2015.

[35] 徐爱萍.计算机组成原理考研指导[M].北京:清华大学出版社,2003.

[36] 徐爱萍.计算机组成原理习题与解析[M].3 版.北京:清华大学出版社,2007.

[37] 于湛麟.Multisim 在计算机组成原理实验中的应用[J].电子设计工程,2012,20(15):15-17.

[38] 张晨曦,刘依,沈立,等.计算机系统结构学习指导与题解[M].北京:高等教育出版社,2009.

[39] 张建华,郭仕恒,王东跃.用 MATLAB 绘制波函数立体图形[J].广东化工,2004,(4):60-61,64.

[40] 张文利,邱轶兵.计算机组成原理习题与真题解析[M].北京:中国水利水电出版社,2003.

[41] 张新喜,许军,韩菊,等.MULTISIM14 电子系统仿真与设计[M].2 版.北京:机械工业出版社,2017.

[42] 张银福,陈曙辉,赵振宇.计算机专业硕士研究生入学考试:计算机组成原理分册[M].北京:中国水利水电出版社,2004.

[43] 周品.MATLAB 神经网络设计与应用[M].北京:清华大学出版社,2013.